預約實用知識，延伸出版價值

# 晉升吧！A級職員

Noboru Koyama
小山昇——著
李靜宜——譯

職場苦手必讀，

把上班阻力變動力，

打造職場勝利組

CONTENTS

CONTENTS

# 02 Chapter

# 公司不是工作的地方

03

Chapter

# 你現在應該要處於狂熱工作的時期

CONTENTS

04
Chapter

# 留意細節，使你成為工作能力傑出的人

# 前言

# 現在拿起這本書的你很幸運

剛成為社會新鮮人的你，心中是不是充滿了夢想與希望，但另一方面又感到一絲不安——「公司是什麼樣的地方？」、「自己能做好工作嗎？」

本書就是為這樣的你而寫，書中會詳細說明「何謂公司」、「新進員工應該要如何工作」。

又或者，你是剛進公司兩、三年的年輕員工。雖然大致適應環境，也沒什麼太大不滿，但一方面卻又隱約感到焦慮——「工作也不怎麼有趣」、「這樣的人生真的好嗎？」

本書也是為這樣的你而寫，書中會詳細解說讓工作變得有趣、人生也變得有價值的處方箋。

我經營的武藏野公司有兩項主要業務。其一，我們是樂清公司（Duskin）的加盟店，業務內容是去客戶家裡或公司，配送及替換樂清公司的腳踏墊與拖把。這是比較單純的商業模式。

另一項業務，是協助其他公司經營。我們會為日本各地的中小企業舉辦座談會、讀書會，以及安排公司觀摩等，亦即以顧問身分幫助企業經營。這項業務的規模逐年快速擴張，事實上，現在有五百家以上的企業成為敝公司這項業務的會員，積極學習中。

你年紀還輕，可能有點難以想像吧？樂清公司的業務內容，是得到處拜訪顧客才有錢賺，還得碰髒汙的腳踏墊和拖把；但顧問的業務，卻是需要腦力的聰明工作。這兩種看起來八竿子打不著的業務項目，怎麼會並存於同一家公司？

不過，對公司來說，這種情況很平常。我們公司會發展顧問事業，是因為我改革了原本一直是「魯蛇集團」的武藏野公司，改革後，有非常多人來問我如何做到，我才在二〇〇一年成立這項新事業。目前，這個事業單位的員工，很多都是之前負責樂清公司業務的人。

公司就是要順應市場與客戶需求的改變，不懈怠地調整自身型態。而你的任務，正是要培養出這種能彈性因應變化的能力。

每個人都喜歡安定，所以討厭工作內容或工作方式改變。不過，如果能正面看待變化的力量，並樂在其中，工作就會變得有趣而且有價值。關於這點，我會在書中一再說明。

我出版過五十多本商管書，幾乎都是寫給公司經營者看的。尤其在中小企業裡，經營者就等於公司，如果老闆不好好學習，經常保有危機意識，公司絕對無法進步。

不過，公司裡如果只有老闆一個人在學習、擁有危機意識，公司也不會有任何成長。畢竟老闆只有一個人，能做的事有限，所以，必須要有能了解老闆意志，且付諸實行的人才。

這個人才就是你。姑且不論你現在的表現，但五年後或十年後，你勢必得成為帶領組織前進、改善公司的原動力。因此，你必須從現在起學習面對工作的基本態度，這點非常重要。

任何一流運動選手或音樂家，都是從孩提時代反覆練習基礎技能，練習到幾乎令人生厭的程度。那個階段，他們都很辛苦。不過，若能打好基礎，自由運用，之後一定會覺得做起來很快樂——打球時，能因應各種狀況反應；彈琴時，能透過琴鍵表現細膩幽微的情感。我希望你在工作中也能了解這種快樂。

本書會不斷提到一個觀念：坦白說，不論任何工作，只要是工作，都很辛苦。不過，在辛苦的工作中也能發現無數樂趣，而能否發現，取決於你的心態。

可惜的是，還沒體會過這種快樂就結束職涯的人不少，我不希望你也是其中之一。接下來，你將展開近四十年的職涯人生，我希望你能享受過程、盡情體會。因此，我寫了這本書供你參考。

本書對現在的你來說，可能是極為苦口的良藥，有些內容也比較困難，但請不要因此沮喪。如果你覺得書裡有哪些內容不難，你似乎也能辦到，就請試著做做看。即使做的時候很討厭也沒關係，即使不是真心投入也無妨，反正做起來很簡單，就請當成受騙，立刻照著做。

如此一來，不可思議的事就會發生，你一定會發現，原本黯淡的上班族人生忽然變得閃閃發亮。你會實際感受到：「咦，我好像成長了」、「最近我的工作表現真的很不錯」。我保證，這就是你不久後的將來。

反之，如果你讀了本書卻不行動，什麼都不會改變。對現在的你而言，最重要的不是東想西想也不是煩惱，而是採取行動。關於這點，我在書裡會反覆提醒。

如果你是管理階層，或本身就是經營者，偶然看到這本寫給社會新鮮人和年輕員工的書，或許會覺得內容很淺薄。

不過，請別小看這些內容。連這種基本的事都無法理解的人，就是你的下屬；而無法理解這一點的人，正是你。

從這角度來看，本書也可說是寫給管理階層和經營者的書。請你撥冗一讀，如果喜歡，也請一定要推薦給你的同事和下屬。屆時，請不要一本書大家輪流讀，而是一人買一本，如此，出版社和我都會很開心。

本書得以出版，有勞日經ＢＰ社的吉岡陽先生，在此我要深深對他表示謝意。

此書直至交稿的過程，本書第七八頁也會提到。總之，要是少了吉岡先生有時候甚至讓人覺得有點瘋狂的堅持，以及義氣相挺，本書就無法完成。

這種美好的關係，今後也會以企畫與編輯書籍的名譽歸他、版稅歸我的形式繼續下去吧。

二〇一三年二月

武藏野公司社長　小山昇

01
Chapter

# 你出社會是為了失敗

# 你只不過是站在起跑線而已

一開始先來個小暖身。我想告訴剛出社會的你一件事，雖然這件事再當然不過，但你卻很容易忽略。

你能在前所未有的不景氣下順利找到工作，應該是鬆了一口氣吧。請你回想一下確定被錄用的那一瞬間——想到過去痛苦又漫長的考試競爭與求職過程，你應該有種安心感，覺得「自己終於到達終點」了吧。

不對，你絕對不是到達終點，而是終於來到起點。多數人在學生時代，確實會將「順利找到工作」當作終點，不過，只要一出社會，就是站在新的起跑線上。站在起跑線上的跑者必須做什麼？沒錯，必須開始往前跑。要跑到什麼時候？直至退休的那一天。

## 一個事實，兩種解釋

「桌上有半杯水，有人看了覺得『只有半杯』，有人覺得『還有半杯』，由此可看出一個人的個性。」

你知道這說法要表達的意思嗎？也就是說，人以不同角度詮釋事物，也就會有不同反應，造成不一樣的結果。

杯子裡有半杯水是一個事實，但解釋卻有兩種。我們希望杯子裡裝滿水，不過，如果覺得「只有半杯」而放棄，原本的水很快就會蒸發或打翻，一滴也不剩。相反的，倘若正面思考「還有半杯」，然後忍耐一下，或許很快就有裝滿水的機會。

同理，要是把找到工作當成目標，接著就掉以輕心，不久後的將來你就會趕不上別人——被那些把開始工作當成起跑線，努力精進自己的同儕；或是比你晚進公司的人，遠遠拋在後頭。

輸給他們沒關係嗎？你只能羨慕看著他們順利升官，然後覺得自己工作得很沒價值。這樣真的無所謂嗎？請你好好思考。

你在嚴峻的求職戰爭中存活下來，成功找到工作，所以想鬆一口氣，這種心情我也很了解。不過，請安心到今天就好，拿起這本書後，請你立刻轉換心態。

沒錯，「立刻」。然後，請有所自覺：自己目前是「站在起跑線上」。

## 微小的差異，不久後就能造成巨大的不同

你知道所謂的「蝴蝶效應」嗎？也就是說，在北京飛舞的蝴蝶輕拍翅膀，可能造成遙遠的紐約之後發生一場大風暴。

你覺得這說法很扯嗎？我也這麼覺得。但據說，這個理論在「混沌學」

這門學科中，已經證明其正確性。

如果是這樣，這個理論也可以套用在工作上。你調整想法，認為自己「站在起跑線上」，只是一個如同蝴蝶輕拍翅膀的微小變化。但五年後、十年後，它可能變成你莫大的資產。

## 你現在是「公司的負債」

你雖然年輕，但會讀這本書尋求工作之道的祕訣，可見得一定很優秀，也很有想法。或許，過去在求學和求職這些人生重要階段，也都表現得不錯吧？不過，出社會是完全不同的狀況。

儘管剛進公司時懷抱著夢想，但之後卻遭遇各種挫折，不到半年，就意氣消沉地覺得「不該是這樣啊」。但你並不孤單，幾乎所有人都會經歷同樣狀況。剛出社會的新人都做不好工作，但你現在沒必要為此煩惱。

此刻的你，對公司而言其實是負債。

或許你沒有意識到一件事——公司招募新人的成本很高。連我們公司這種典型中小企業，每年招募新人的費用也超過一千萬日幣。包括製作各種招募資料、舉辦徵才說明會、在求職網站刊登廣告等，這些費用再加上人事費用，很容易就達到這個金額。

我們公司每年會招募十幾個新人，平均算下來，花在一個人身上的金額大概是一百萬日幣。但我們公司的主力事業樂清公司的業務，則是典型的薄利多銷事業，所以招募費用相對來說很昂貴。

## 你為公司帶來利益是幾年後的事

新人進來後，公司還有得辛苦。

不要說短時間無法回收招募新人的成本，接下來還必須花很多時間做教育訓練，同時薪水還得照付。這也是公司無法忽略的費用。

儘管如此，還得等好一段時間，你才能提供相當於薪資報酬的工作價值。一般來說，公司要回收投資在新人身上的各項成本，新人能開始為公司帶來利益，最快也要三年。

現在，你能理解我說「你是公司負債」的意思了吧？公司是以投資你的心態錄用你。

雖說如此，你也不必感到有壓力。公司即使花這麼多錢，還是想要你。因此，你必須努力，讓自己能儘早獨當一面。

## 「靠記憶力決勝負」這一招，出社會就不管用

很多人還沒進公司前，會認為自己在工作上也會有良好表現，這應該是因為他們學生時代在面對考試或社團活動時，都頗得要領，做得不錯。於是，就以為工作也一樣。

沒錯，很多學生時代用功讀書的人，或是熱心投入社團活動的人，出社會後也表現不俗，但請別自滿。你在學業或課外活動上有不錯成績，是來自從小學習和投入興趣的「累積」。因此，即使上升到不同學習階段也能繼續

利用。但想在出社會後延續這種狀態，卻不太可能。

在武藏野公司裡，職位第二高、僅此於我的是矢島茂人。他從早稻田大學畢業後，回到信州老家，進入父母開設的當地最大飯店工作。雖然已晉升到副總，卻在因緣際會下進入我們公司。

在武藏野公司這個「魯蛇集團」內，矢島可說是超級菁英。但就連他也得花超過一年以上的時間，才能確實掌握工作。而且，我們公司那時候還沒開始發展顧問事業，業務內容很單純，只是替換樂清公司的產品而已。

工作就是如此。即使乍看之下簡單，背後的結構卻很複雜精細，還要跟客戶及廠商間保持微妙的權力平衡關係。

你要成為獨當一面的社會人士，就要學會這一切，以採取最適當的行動。為達到這個目的，你需要經驗。

學生時代的考試可以靠記憶力，但出社會後，無法光靠記憶力勝出，必須活用經驗。關於這點，請你銘記在心。

# 你不必謹慎行動



關於「經驗」這件事，我們可以再思考一下。

我有近四十年的職涯歷程，在我看來，現在你的經驗值等於零。當然，今後你必須不斷累積經驗。不過，依我所見，優秀的人——也就是像你一樣會閱讀本書的人——拙於累積經驗的人很多。

優秀，但其實又不夠優秀的人，付諸行動前會想太多：「我不能失敗」、「要怎麼做才能做得好？」，結果很難踏出那一步。連做都不做，當然無法累積經驗值。

## 沒有經驗，當然會失敗

不想失敗，希望自己有好表現，這是人之常情，我也不能責備你有這樣的想法。但是，請不要搞錯。我再重複一次，你作為社會人士的經驗值是零。

沒有經驗，就做不好，不管你思考得多深入，多麼縝密地模擬情境，只要是第一次做的事，幾乎都會失敗（就算成功也只是運氣好，不是有實力）。所以，還是盡快付諸行動累積經驗比較好。

從小到大，不斷有人提醒我們「三思而後行」。一般來說，這個觀念是正確的，但在剛出社會的人、年輕上班族的字典裡，這是派不上用場的話。我總是告訴我公司的新人：「做」比「想」重要。講白一點，有閒工夫反覆鑽研那些理論，不如快快動起來。

我們公司新人的程度，就是新人該有的程度（這不是自謙之詞，也沒別的意思），我經常告訴他們，最重要的就是行動，這個原則也同樣適用於你。

剛出社會不久的你，不必過於謹慎行動。

## 學到的事要「立刻應用」

我之所以最重視經驗，是因為學到的知識如果沒有實際體驗，絕對無法變成自己的。

讀國中時，你學過因式分解和連立方程式，但不是一學會，就能用來解應用題。必須做大量基礎的練習題，具備猶如直覺的能力後，才終於有辦法挑戰困難的問題。

社會人士也一樣。你現在應該是透過公司安排的課程，以及藉由實際參與工作，正在學習各種事，像是打招呼的方式、遞名片的方式、電話應對，以及公司的產品和服務內容等。

學會這些知識後，請立刻應用。一學到交換名片的方法，就實際遞名片給客戶；學到商品知識，就實際試著向客戶說明。如此就能一點一滴累積經驗值。

## 你的失敗在公司的允許範圍內

讀到這裡，你可能會心想：「雖然作者說行動不必那麼謹慎，先做再說，但要是失敗怎麼辦？如果搞砸，只會帶給別人麻煩，主管對我的評價也會變差，我在公司就很難立足了。要是變成這樣，該怎麼辦？」

你會這麼想，是因為還是用學生時代的邏輯在想事情。

在職場，失敗並不是無法接受的事。

學生時代，如果沒有考到一定分數，就無法入學；要是成績不及格，就無法升級或畢業。也就是說，你過去是活在不容許失敗的世界。

## 不管失敗幾次都沒關係

不過，請放心，公司和學校不同。重要的是，最後要能為公司帶來利益，只要不是同樣的錯誤，失敗幾次都沒關係，這就是公司。總是有敗部復活的機會，這就是公司。

再者，在學校考試，通常不准帶字典或參考書，但在公司內「可以帶」——你大可向優秀的前輩請教答案，作弊參考別人做得好的例子也無妨。

什麼問題都自己解決，但分數很差的人，跟作弊看別人怎麼做，但分數很高的人，兩者相比，後者能獲得比較好的評價。公司就是這樣的地方。所以，請直接行動，別顧慮太多，然後積極地失敗。

我說了這麼多，你還是不放心嗎？我想，你是害怕失敗的後果吧。

## 失敗次數是行動力的證明

但是，失敗也沒關係。你在公司還是菜鳥，被交付的工作及擔負的責任都沒那麼大，因此，失敗所造成的傷害對公司幾乎是零。不管你失敗的程度如何，從部門或公司來看，都在可允許的範圍內。

有時候，失敗會遭來主管的嚴厲責罵，對過去一直是菁英的你來說，這或許讓你覺得是種屈辱。

但請不要在意。基本上，主管責罵的是你失敗的「事實」，不是否定你的人格或資質。當然，這世上有很多罵人時很情緒化、不懂得罵人的混蛋主管，不過，面對這種主管時，請你成熟一點。

基本上，你的主管比你想像中忙。新進員工造成的失敗，是每年的例行公事，他已經習慣了。年輕員工犯的錯，他們也曾經歷過，現在已經沒什麼好驚訝了。所以，我敢說，只要是像樣的組織，就絕不會因為年輕的你失敗而降低對你的評價，更別說公司氣氛會因此變糟，讓你覺得尷尬。

什麼都不做，也就不會失敗；反過來說，失敗就是你有行動力的證明。而具有行動力，正是主管對你最大的期待。

我們公司的員工小嶺淳，進公司九個月就升為課長。當初，他剛進公司一個月，就有客戶向我們抱怨他，但他因此非常積極努力想簽下新合約。此外，身為新進員工就得提交檢討報告，他也是特例。依我們公司規定，提交兩份檢討報告，獎金就會減半。不過，沒做什麼事的員工自然也不會失敗。因此，就結果來說，公司對他的評價是雖然為公司帶來麻煩，但態度積極，他也因此在這麼短的時間就升為課長，而且十年後晉升為部長。

# 你應該要求主管提出具體指正

有人可能會反駁：「可是，我主管會情緒化地發脾氣」、「我不覺得我主管是針對事實在罵人」。

沒錯，世界上確實有管不住自己情緒的管理者，動怒時會連下屬的人格都一概否定。要是運氣不好，你的確可能遇到這種主管。

這種時候該怎麼辦？

提出換部門的申請？這麼做毫無意義。

世界上什麼樣的人都有，其中一定會有你處不來的人，這也沒辦法，只能接受。如果只因為主管剛好跟你頻率不合，你就備受挫折，是無法在社會生存的。

你是可以覺得「我跟這個主管合不來」，但結果是，你的主管也一定會心想「這新人真遜」。你看他不順眼，他看你也是。

在這世界上，能順應你心意而行的事非常非常少，你已經出社會了，請務必牢記這件事。

我再重複一次，你的失敗是在公司允許的範圍內，如果你的主管一直記得，常常拿出來提，那他真的是太閒，個性有問題。這種狀況下，受害者不會只有你一個，他的主管也會察覺到這件事。

後面還會再詳細說明，總之，這種人遲早會被組織淘汰。

## 被詢問，就必須具體回答

那麼，在這種主管被淘汰前，你最好對他的責罵逆來順受，靜靜等待風暴過去嗎？

事實上，也並非如此。

這種情緒化的怒氣，常常會發展成對你人格的攻擊。用比較寬容的角度來看，面對這種狀況，也是一種社會人士的必經階段，但對剛出社會的你來說，並不恰當。

那麼你該怎麼做？正確答案如下：

你應該詢問主管：「對不起。那麼，可以請你告訴我，我哪裡做錯嗎？」

下屬這麼詢問，就算當主管的人再怎麼不情願，也必須把抽象的怒氣轉化為具體事實，提出指正。而所謂「具體」，就是必須能讓人依據它行動。

如此一來，發怒者本人也會意識到，必須要將情緒化的怒氣，替換成「基於事實、合乎邏輯的指正」。這樣的話，你也比較能接受主管所說的話。

「請告訴我，我哪裡做得不好？」對現在的你來說，面對橫眉豎目罵你的主管，要問出這種話或許很困難，但請不要害怕，就以堅定的態度去做吧。

你並不是要在爭論上贏過主管，只不過想尋求他的指正罷了。這麼想，你應該會稍微輕鬆一點吧？

倒不如說，要是你不這麼做，就是你不對。你如果不想了解自己到底哪裡做得不好，就等於是摘掉讓自己成長的嫩芽。

## 如果真的是很糟的主管，不久後就會被換掉

咦？你問我：「如果我詢問主管該怎麼做了，他卻說不出具體內容，那又該怎麼辦？」唉，我都已經說過「你不用謹慎行動了」，你還這麼問，真的是很謹慎的人啊。

不過，請別擔心，如果你主管是這種人，那一定是公司哪個環節出了錯，他才會當上主管。不久後的將來，老闆或是你主管的主管，就會判斷他不適合當管理者，將他排除在往上晉升的名單外。

你公司的老闆，比你想像中還要細膩數倍地觀察著公司內部，像是員工

間的人際關係如何、誰努力、誰偷懶、員工是不是適合所任職位的人等。

老闆不會遲鈍到讓糟糕的管理者一直坐在那個位子上。所以，請你放心，直接面對你的主管吧。

# 你的失敗是對公司的貢獻

我會建議你失敗，是因為它是能使人成長的最佳養分。你小時候練習過騎腳踏車吧？一開始跨上沒有輔助輪的腳踏車，你馬上就會騎嗎？不會吧。一定是跌倒好幾次，有時撞到電線杆，有時跌到水溝裡，不知經歷多少次痛苦失敗後才會騎。

工作也一樣。就是在挨主管罵、被顧客叱責，感到丟臉的同時，慢慢累積經驗、培養出智慧。就是要如此積極失敗，然後重振精神，告訴自己下次一定能做好。這是身為社會人士的你成長的最快捷徑。

## 公司裡失敗最多次的人正是老闆

你公司裡有工作能力優秀的前輩吧？應該起碼也有一位主管，可作為你的目標，讓你希望能像他一樣吧？我敢斷言，在他們還是新人時，應該經歷多次失敗——次數之多，是你現在所遠遠不及，因此，他們現在才有出色的工作表現。

附帶一提，你覺得，你公司裡經歷過最多次失敗的人是誰？關於這個問題，我也敢肯定地說：就是老闆。你老闆失敗的次數，比公司裡任何人都多，他在失敗中學習、應用，才走到今天。就是有那些累積，他才能成為老闆。你的失敗對公司來說，是允許範圍內的誤差；但公司經營者要是失敗，就可能破產。他每天都要做出困難的經營判斷，而之所以有能力做到，是由於累積無數次失敗，並從中學習。

你之前在求學或求職的過程中，應該感受過多次的成功體驗，對你而言，那是一生的寶物。不過，若從「學習」和「成長」的觀點來看又如何？

其實，人只會從失敗中學習。對現在的你來說，最需要的就是失敗，並從失敗中學習。

## 公司會自行吸收你的失敗

在我們公司新進員工的入社典禮[1]上，我一定會說下列這段話：「進入武藏野公司的各位新同事，請你們節哀。」他們原本以為我是在開玩笑，但聽到下一句話後都一臉錯愕：「我對你們並不抱期待。」

他們當然會錯愕，明明是入社典禮這樣正式的場合，社長卻說出這麼負面的話。

1 入社典禮：日本特有儀式，藉此讓新進員工體認到自己已經正式卸下學生身分，成為社會人士。

我的致辭還沒結束，接下來我會說：「我不期待各位一進公司，就能帶來業績，但我很期待各位能盡量失敗，為公司添麻煩。」

我這番話的意思是，新人做不好工作理所當然，失敗也一樣理所當然，公司會自行吸收這些失敗，所以新人不必害怕，請付諸行動，累積經驗。聽我這麼說，新進員工都露出安心的表情。公司如果沒辦法承受新進員工或年輕員工造成的失敗，表示主管沒肩膀，或是公司本身經營狀況有問題。

正在閱讀此書的讀者中，應該有人是主管拿書給你看的吧。這種主管就沒問題，他反而是很期待你失敗。當然，如果你是自己買書來看的，也沒問題。失敗不但是邁向成長不可或缺的經驗，對公司還是貢獻。

不過，或許你還是會擔心。

「如果是公司內的工作或雜事，就算積極去做，失敗了也沒關係，但如果是面對客戶的工作，搞砸了怎麼辦？要是造成客戶不滿就糟了。」

你會這麼想，正表示你有責任感，這點很棒。但我的答案還是只有一個：請積極行動，然後積極失敗。

## 做得好是你的功勞，失敗了是主管的錯

為什麼這麼說？因為，最清楚你還不夠成熟的人，就是你的主管。儘

管如此，他卻要你去面對客戶，這就等於指示你「在客戶面前失敗也沒關係」。也就是說，你在客戶面前失敗，不是你的責任，而是主管的責任。

如果因為你做得不好，而造成客戶不滿，事後的處理對你而言也是多出來的工作。這時候，請立刻求助主管，不管怎麼說，他才是該負責的人。說得難聽一點，就是要主管替你擦屁股。

不用擔心造成主管麻煩。我再重複一次，身為主管就是得擔負這個責任。他薪水比你高，也是因為業務內容中包含這項「工作」。主管如果討厭幫下屬搞砸的事收尾，就等於是不做自己該做的工作。

而且，所謂管理職，原本就是為因應顧客不滿等非常狀況而存在的。你的失敗導致客訴，從另一個角度來看，也是「讓主管去做正確的工作」。所以，你大可抬頭挺胸。身為社長，我是這麼覺得。當然，等到哪天你自己也開始帶人後，就得承擔同樣的「工作」。

## 客訴處理就交給專業的主管吧

你應該也能理解這一點吧：解決客戶的不滿，公司成員才能成長。也就是說，所謂客訴，是從顧客觀點所指出的，公司可改善的部分。雖然沒什麼好自豪，但我們公司面對的客訴狀況一個也不少。像是產品沒有在約定時間送到、送去的產品不是客戶訂的、找錯錢、業務員態度不佳……真的是每天都在發生。

為保險起見，我再強調一次：是「每天」喔，每天都有客訴。我們會視狀況，由店長或同等級的工作人員去向客戶道歉。有時候這樣還無法解決，所以身為社長的我也不時出面道歉（有一次為了處理客訴，原本跟妻子在京都旅行的我還急忙趕回東京，跟部長飛山尚毅一起去面對客戶）。

換句話說，你的主管是處理客訴的專家，請安心交給他。專業的事就交給專家。

將客訴處理交給主管最棒的一點是，主管也能從中學習，比如說，他會學到：「原來讓某某處理這個工作還太早」、「好，接下來我就教他這個吧」。這麼做對你的成長有很大幫助。

## 收到客訴就大肆聲張，讓公司內每個人都知道

請絕對不要企圖抹滅失敗。如果你害怕讓大家知道客戶對你不滿，自己一個人悄悄處理，那麼，誰也不會理解你的困境，也沒有人能教你如何適當應對客訴，你從失敗中學到的東西就會變少。

如果你讓客戶生氣了，就要大肆聲張，引起公司內混亂，造成他人困擾，有時候還要讓公司最高層也來關注，這才是正確做法。

根據客訴情況的不同，有時候你必須跟主管一起去向客戶道歉。就算我

說，「客戶對你不滿並不是你的責任」，但看到主管因為你做不好而低頭接受客戶叱責時，你一定會有什麼體悟。

在那個當下，你就能有很大的成長。

你現在打的是循環賽，而且是團體戰



當然，社會上還是有公司不容許失敗。尤其是金融機構，它們處理的畢竟是金錢，看待犯錯的態度也會比較嚴格。我也看過、聽過，因為有職員看錯傳票導致損失，或是貸款變呆帳，導致分行長或等同該職位的管理人員被調職或降職。

看到這裡，你一定會想：「有這種狀況啊，果然，還是不要失敗比較好吧。」

沒錯，公司規模愈大、員工愈是往上升，就愈有一種參加淘汰賽的感覺。也就是說，輸掉一場比賽就出局。之後，若沒有做出一番成績，就很難回到前段班。確實有這樣的公司。

你可能又會想：咦？作者在第三十九頁不是提到，「公司內常有敗部復活的機會」嗎？

不對不對，請仔細聽我說明。公司內會有淘汰賽的狀況，是「公司規模愈大，而且員工愈往上升時」。身為新進員工、菜鳥的你還沒有參加淘汰賽的資格。你參加的應該是循環賽，跟職棒比賽一樣。重點是，整個球季結束後要有六十勝左右的戰績才能勝出，在這之前，輸個兩、三場比賽，不會有太大影響。

## 現在的你，失敗幾次都沒關係

你現在就是在打這種比賽，不管你是做金融相關工作，或是對個人業績評價嚴格的外商公司也好，都一樣。而且很棒的一點是，你並不是孤軍奮戰，有資深同事會在你犯錯時給予協助，還有主管這個強棒。你就是和這些經驗豐富的資深人員合作，與其他競爭企業作戰。

有時候，你很快就會面臨「絕對不想輸、不想失敗」的狀況。這時，請不要一人承擔，而是向前輩或主管求助。如果你已經盡力了，就不必顧慮那麼多，而且，對他們來說，有年輕同事依賴自己，也會讓他們很高興。再者，公司本來就是為了以團隊合作方式得分的組織。

有朝一日你也會升職，或是去其他更大的公司工作，就算不喜歡，也有機會面臨淘汰賽。為了屆時不要輸（或是就算輸，也能把傷害減到最低），就必須在還能打循環賽、團體賽時盡量多失敗，多學一點。

比賽時，不須贏得漂亮，假設被對方拿下二十分，那麼自己只要拿下二十一分，在九局下半結束比賽就好。就算打的是低階的業餘球賽，取得一勝就是一勝，完全不需要以提前結束比賽的方式贏得勝利。因此，就算不夠酷也沒關係，總之，請抬頭挺胸站在打擊區。

# 還沒做好萬全準備就行動，事情就成功了一半

前面提到了「不要害怕失敗」。從失敗中學習，對社會新鮮人和年輕上班族尤其重要。不過，我刻意建議讀者「不用謹慎行動」的原因，不只是如此，事實上，不怕失敗、說做就做，是通往成功最短的距離。

告別學生生活時，你有安排值得紀念的畢業旅行嗎？應該也有不少人是安排出國旅行。那麼，你是如何決定行程安排？是事先準備得非常周全嗎？應該不是吧。或許事前會讀一下旅遊指南，但大部分時候都是到時看狀況吧。這不就是沒做好萬全準備就行動嗎？

那麼，這樣的旅行如何？

在國外，由於對當地狀況不了解，語言也不太通，旅費當然也很少，當

下覺得很辛苦。不過，平安歸國後回顧旅程，一定會覺得，被惡劣的計程車司機索取昂貴車資，或是被強迫推銷奇怪的土產等，如今回想起來都是很棒的回憶。那麼，這趟旅行不就是非常成功嗎？

如果，當初你想等到「準備更周全」、「把語言練得更好」再出發，會是什麼狀況？那就一直無法出發旅行了，當然也無法創造學生時代最後的回憶。

也就是說，沒做好完全準備就行動，就同於成功了一半。

## 你也經常沒做好萬全準備就行動

你應該也有沒做好萬全準備就行動，而且成功的經驗，只是你自己沒意識到而已。

舉個身邊的例子來說，你應該有電腦和手機吧？你購買前，是讀過大量相關雜誌和書籍，具備充分的商品知識後才買嗎？一定不是吧。可能是看過朋友買的產品，去店頭聽了簡單說明，有個粗淺認知後覺得應該沒問題，於是就買了。

買了後，也不會逐字逐句閱讀厚厚的說明書，而是一邊操作一邊摸索，就自然搞清楚一些複雜的設定了。

所有事情都不用等做好萬全準備再行動，直接去做，然後克服因此所發生的諸多小失敗，於此同時，再一步步接近成功。

## 不快點行動，就趕不上市場變化

商場上，當然經常有沒做好萬全準備就行動的狀況。

你一定認為，公司要開始一項新事業，或是投入一項新商品和新服務時，事前都做過非常詳盡的市調。

並非如此。當然不能完全不做市調，不過，大部分狀況下，都是沒做好萬全準備就行動。坦白說，是「見招拆招」。

「我們如果推出這項服務，顧客應該會很開心吧？」

「不知道欸。沒關係，就試試看吧。」

老闆和管理階層的對話大概就是這種感覺。這是真的。

你可能會覺得：以這種方式做決定好嗎？

很好。倒不如說，也沒有其他方法。市場和顧客的需求總是經常在改變，而且，在技術和基本架構的進步下，其變化速度，以令人心驚的發展逐年加快。公司並沒有那麼充裕的時間慢慢思考和調查。

能做詳細市調的，大概只有大企業，或是調查工作即為業務內容的智庫。中小企業通常是先做再說，一邊行動一邊思考。也就是說，你要有說做就做的心理準備，這是習慣公司這種組織最好的方法。

## 搶先一步行動，就能拉開跟同儕的差距

關於不用做好萬全準備再行動，我再稍微補充一下。

事實上，有時候這一點能在商業上發揮很大效果，這是小型市調無法相比的。

你知道出生於蘇格蘭的發明家貝爾（Alexander Graham Bell），一八七六年在美國，是僅僅早對手兩小時快一步取得電話發明的專利嗎？僅僅數小時之差，奠定了之後AT&T這家世界級企業的基礎。

還有其他類似例子。

你一定也有用智慧型手機或平板電腦，說到這類產品的代名詞，人們會想到什麼品牌？對，是蘋果公司的iPhone和iPad。即使其他公司推出很多類

似產品，iPhone和iPad依然在市場上有很強的存在感。

這是因為iPhone和iPad，是以一般消費者為對象的首支智慧型手機與首部平板電腦，因此成為該項產品的代名詞。這也是速度的力量。

## 由於起步得早，才能拿到有權威的獎項

雖然我們公司的規模比AT&T和蘋果公司小得多，但也有過類似經驗——因為起步得早而獲得大獎。

我們公司二〇〇〇年曾榮獲日本經營品質獎。剛出社會不久的你，可能不是很熟悉這個獎項，事實上，這個獎項的得獎門檻非常高。過去的得獎者包括日本ＩＢＭ（International Business Machines Corporation）和理光（RICOH）公司等大企業，如此，你應該能理解這個獎項的權威性以及獲獎難度吧。

不論以前或現在，武藏野公司都是眾所周知的魯蛇集團，那為什麼我們能得到這麼大的獎？那是因為起步得早。

我們公司從一九九七年就開始爭取日本經營品質獎，那時候你年紀還很小吧。當時這個獎項還沒那麼知名，角逐者也不多。簡單來說，就是由於競爭對手少，我們才能得獎。

從一九九七年起，武藏野公司不屈不撓參加了四年，審查員在評價報告上提到的改善項目，我們也一個一個去改善，於是終於獲獎。我猜想，搞不好我們公司是歷年來獲獎企業中得分最低的。

不管如何，獲獎有很大的益處。由於在那四年間，獎項的知名度已經提升，所以有很多全國各地的中小企業經營者找上我們，希望能觀摩武藏野公司。這也成為我們發展經營顧問事業的契機。

## 你出社會不是為了打敗戰

二〇一〇年，我們公司成為第一家兩度拿到日本經營品質獎的公司，也為我們的顧問事業帶來更多客戶。現在，也不斷有公司向我們提出「希望去貴社觀摩」、「能否為我們舉辦講習」，以及「希望輔導敝社經營」的要求。目前，經營顧問事業，已經跟我們的「本業」（樂清公司代理商）並列為公司收益的兩大支柱。

聽到這個例子，你一定能理解儘早行動的重要性吧。

公司找的員工，彼此多半很像。如果你是害怕失敗、會拖延行動的人，那麼跟你同期進公司的同事中，也會有這種人。

所以，如果你能調整心態，像第二十五頁所說的「行動」優於「思考」，在還沒做好周全準備前就搶先行動，就能和同時進公司的其他同儕間拉開很大的差距。

你出社會、進公司，不是為了想厚著臉皮打敗戰，而是為了無論如何都要勝出，而這戰爭已經開始。

你的主管做出讓你失敗的指示，你要感謝他

我來打個比喻。

我們公司總部在東京都的小金井市，最近一站是ＪＲ（日本國鐵）的東小金井站。如果是在東京住過一陣子的人，即使沒來過這一站，或許也有概念：「啊，就是吉祥寺站再過去幾站嗎」、「從東京站搭中央線就能到了吧」。

但是，對東京比較陌生的人，來之前就得先查地圖、電車路線圖或是上網查一下，否則就到不了我們公司。

不過，公司內常見的狀況是，即使你不知道小金井市在哪裡，主管還是會叫你去。比方說，他可能會指著地圖跟你說：「這一帶有間武藏野公司，你去一趟跟他們談生意吧。」

像這種事前沒有充分說明就下指示的狀況，在公司絕對不是什麼少見的事。

## 主管當然不可能什麼都教

於是，你就以主管在地圖上比的那一帶為目標，希望能依靠直覺前往武藏野公司。結果，你坐錯電車，還迷路，不禁覺得主管的做法真是沒道理，對他充滿怨氣。要是他一開始就把詳細地圖和查詢路線的結果給你，不就不會發生這麼麻煩的事嗎？我很了解你的心情。

不過，你不可以怨懟。主管（或者說是公司）就是這種角色。你就算連做夢都不能期待，主管會從頭到尾教你工作該怎麼做、瞻前顧後地引導你。

主管不會這麼做的理由主要有三個。

其一，主管沒那種閒工夫，從頭到尾教你工作該怎麼做（我講過好幾遍，主管很忙）。其二，他知道就算仔細教你，現在的你也還無法完全理解（如果是認真的下屬，主管教到第十點時，就已經差不多忘記第一到第七點了）。

最後一點，主管是刻意不詳細說明工作該怎麼進行，希望讓你自己思考、行動，運氣好的話就體驗一下失敗，才能快速成長（這點很重要）。

## 之後，你將面對令人厭惡的不合理狀況

請回想一下本章開頭的話：「事實只有一個，但解釋有好幾種」。

主管指派工作給你，卻不詳加說明，你應該要覺得他是為你好才這麼做，心懷感謝，或是認為他真是個莫名其妙的主管，最好不要接近他？你應該採取前者的詮釋角度。

可是，不管如何你就是覺得，主管沒有好好說明就指派工作給你，真是

亂來。

呵，真是天真啊。

我敢斷言，身為社會人士的你在今後成長的過程中，一定會遇到相較之下更不合理的事。比方說，客戶丟給你不可能做得到的難題，討厭的主管和前輩無理對待你，自己的功勞被搶走、反倒還得背責任，有可能就像一個被踹被踢的沙包。

我不一定覺得那些事情對，但現實中，它們就是會發生。你要因此喪志變成沒用的人，或是覺得「這也是種成長的試煉」而督促自己，持續保持戰鬥姿勢，就看你自己，你的將來也因此會有很大的不同。

# 有些失敗可以允許，有的絕對不行

終於要為本章做個結尾。

前面我不斷說明並建議你要嘗試失敗。我也反覆提到，做沒做過的事，人幾乎一定會失敗，因此，社會歷練尚淺的你面對上級交付的所有工作，都有失敗的權利（倒不如說是義務）。

不過，於此同時，你必須一直督促自己，要有「下次要避免失敗、做得更好」的心態。

比如說，做一項新工作時你失敗了，心想下次一定要成功，結果還是失敗，但處理方式多少有點進步。然後再接再勵，挑戰第三次，這回終於成功。

這樣就沒事了嗎？不是。接下來，你要以「提升效率」為目標。如果現在你需要一小時才能完成這項工作，而資歷多你一年以上的同事只要三十分鐘，好，下次你就努力看看，能否五十分鐘完成。達成目標後，再縮短時間為四十分鐘、三十分鐘，直到能與前輩並駕齊驅。

你必須有這種意識。有這種意識，才能善用失敗。

## 失敗時，首要之務是往上報告

另一方面，有些錯你絕對不能犯。跟年資無關、跟經歷尚淺無關，就是絕對不容許的失敗。關於這點，第四十四頁也稍微提到過，那就是隱瞞失敗。

你想隱瞞失敗的心情，我也很了解，我也知道那是人的本能。不過，在公司內隱瞞失敗，會造成無可挽回的嚴重事態。

當然，如同第三十頁所提的，公司絕不會因為你失敗而破產（如果因新進員工失敗而導致破產的公司，原本應該就無法招募新人）。不過，正如「千里之堤，潰於蟻穴」所喻，你犯的小過失，也可能在不久後導致大問題，為周圍的人帶來莫大傷害。

對公司來說，員工做得好、業績成長，不用特別報告也無妨；但員工要是出錯、搞砸，卻不先往上報告，就會造成公司困擾。想隱瞞失敗，就是最大、最糟的失敗，請你務必牢記這一點。

你企圖隱瞞失敗，除了覺得丟臉，或許也是認為「這種程度的失敗，應該有辦法掩飾」。會這麼想，也證明你很優秀，但請不要將優秀發揮在這種地方。

不可以想得太天真，你的失敗一定會被發現。這是因為客戶和公司間經常有利害關係，利益受損的客戶會來向公司抱怨。

# 02 Chapter

# 公司不是工作的地方

在公司裡，數字就等於人格



本章會延續前一章的內容，說明一些你覺得理所當然，但經常意外忽略的事。

你認為，公司是做什麼事的地方？多數人的回答會是「工作的地方」。

不對，公司不是工作的地方，是產出成果的地方。身為一個經營者，我老實說，「光是」來工作卻無法產出成果的人，乾脆別來公司比較好，這樣公司還能省一點交通費和水電費。

## 在公司裡，拿得出數字的人才是人品傑出者

在你漫長的學生生涯中，除了考試分數外，上課態度、日常表現等，也會一一被記錄在個人檔案中，但公司基本上不會有這種事。工作態度不認真，但拿得出業績來的人，和努力誠實但業績差的人相比，前者得到的評價絕對比較高。公司就是這種地方。

出社會後，數字就是唯一。披頭四樂團（Beatles）有一首暢銷歌曲，名為「愛就是一切」（All you need is love），而你公司的社歌則是「數字就是一切」。你必須深刻了解這一點。

我也一樣。雖然不值得說嘴，但我是那種吃喝嫖賭都來的人，加上個性急躁，動不動就大聲嚷嚷又易怒，並不是一個人品傑出、令人景仰的老闆。儘管如此，銀行還是很樂意放款給我們公司（因為信用良好），我只要開辦講座，也一定報名額滿。那是由於我每年都能提升公司的營收和盈餘，確實

拿得出好看的數字。

如果我是一個品德高尚的社長，但公司營收赤字，又會是什麼狀況？銀行害怕承擔風險，絕對不會放款給敝社。我開辦講座，也不會有人來聽——「誰要聽赤字公司的社長演講啊」。在家裡，我也可能是個失敗的丈夫和父親（會隱約有這種感覺）。在公司裡，只要「能確實拿出好看的數字」，就是優秀的人。

## 養成習慣，用數字思考工作上所有的事

那麼，要拿得出好看的數字，應該怎麼做？首先，請養成習慣，用數字思考所有工作相關的事。工作時，不要只是悶著頭做，而是將工作量化，比如注意完成工作的時間：「我今天花四十五分鐘就完成了，比昨天快五分鐘」。

你可能會說：「如果是這種事的話，我經常都會注意啊」。非常棒，那麼我請問你：你的基本薪資是多少？會扣除多少健保費和稅金？扣除後，你真正拿到的錢是多少？你記得住正確數字嗎？你從走出家門到進公司坐好，平均要花幾分幾秒？如果沒辦法立刻回答出來，表示你對數字還很遲鈍。

我不是要你說出圓周率小數點後一百位，只是問你薪資和通勤時間這種生活上最基本的數字而已，但你連這種數字都無法正確掌握。這表示，在「數字等於人格」的戰場上，你還沒做好作戰的準備。

請用數字思考身邊所有的事



要怎麼做，才能提升對數字的敏感度？

可想而知，首先就是從正確掌握身邊的數字開始，比如先前提到的實際收入、通勤時間等。當然，在掌握這些數字的同時，也絕對不要忘記保有正向的心態：「我要努力增加這項金額」、「能有效利用這段時間嗎」、「我要更有效率地完成」。

然後，請每天早上讀報。如果讀到這樣一則報導：「機器設備大廠A公司，預估本會計年度會有×××億日圓的赤字」，請記住這個數字。光是記住也可以，更理想的狀況是從這個數字開始聯想。

你可以試著比較貴公司和A公司的規模：「如果我們公司的赤字這麼多

會怎麼樣？」然後再進一步想：「也就是說，平均下來，一個員工背負的赤字是××萬日圓」。如此一來，你一定能約略理解，公司有龐大赤字是多麼嚴重的事。

遇到以下狀況，也請試著以數字來思考。假設，你早上準備搭電車去上班，但電車受事故影響，延遲十分鐘，你就可以從這件事聯想到各種數字：「一節車廂的乘客粗估應該有兩百人吧」、「這輛車有十五節車廂，所以總計是三千人」、「如果一個上班族的平均時薪是一五〇〇日圓，那就等於付出了四百五十萬日圓的社會成本」、「如果後面的班次也一樣延誤的話……」。

於是，你就能深切體會時間是多麼重要的資源。

或者，也可以用數字去想更單純的事。去常去的小鋼珠店時，你不要只是覺得顧客很多，而是進一步思考「店裡究竟有多少顧客？」。如此，你就能從觀察中勾勒出數字：「如果一層樓有四百臺機臺，平均一位顧客會花六千五百日圓，這家店有兩層樓，所以一天的營業額粗估是五百二十萬吧。

那一個月就是一億五千六百萬，一年大概是十九億。」

總之，就是要養成習慣，以數字去思考身邊所有事物。這跟學生時代數學成績如何，完全無關。

## 「用數字思考」，就是持續保有知的好奇心

你在以商場為背景的連續劇和電影中，應該看過這種角色——對數字有驚人敏銳度的社長。劇情可能是這麼演的：開會時，社長只是瞥了一眼資料就說：「喂，你這數字錯了吧。」正因如此，副社長等「反社長派」的陰謀也隨之被發現等。我不是在自豪（不對，我就是在自豪），我就是這樣的社長。

我們公司也會定期召開經營會議，不知幸或不幸，敝社不是那種會出現什麼陰謀的大企業，不過，業績不太理想的部門主管為了掩飾難看的數字，

會在帳面上動點手腳。

太天真了，我馬上就能看穿。我會先斥責他，再具體指示該怎麼做——為保險起見，我再多說一次，就像第三十頁提到的，我只會針對他想隱瞞真實數字的「事實」加以訓斥。我就是像這樣維持我們公司的業績。

為什麼我能看出他是在騙我？理由有兩個。一個是，我們公司主管這種幼稚的瞞騙行徑，我年輕時也做過不少（請不要模仿這點），我很清楚他們在想什麼。

另一個理由是，我已經養成經常以數字思考的習慣（這一點請務必模仿）。用數字思考每件事，也就是對事物持續保持知的好奇心和探索的心態。持續保有這種心態，會是你一生的資產。

## 跟到無能的主管，要心懷感謝



對社會新鮮人的你來說，被分派到什麼樣的主管，應該是很重要的問題吧。多數人應該都希望跟到很會照顧人、個性溫暖的主管，在他底下悠哉愉快地工作。

不過，世上沒那麼剛好的事，也有不少主管很嚴格，是下屬會暗地裡稱他魔鬼班長的那種人，你很可能就是遇到這種主管。

主管身負督促下屬成長的義務，有時候該像個嚴父，有時候宛如慈母。沒有盡到這項義務的主管，就是無能的主管。但在此前提下我得說：「跟到無能的主管，要心懷感謝。」

為什麼？因為主管愈是無能，你能學到的東西就愈多。這和第三十九頁提到的「人只能從失敗中學習」，道理相同。

## 不論跟著什麼主管都能成長

在會照顧人的主管底下工作，確實輕鬆。主管會鉅細靡遺教你工作該怎麼做，你失敗了，主管會收尾。有時候，主管的功勞還會算你一份。遇到這種主管，真的很幸運，值得感謝。不過，從「成長」的角度來看又如何？有時候，親切的主管最後只會把你寵壞，請你理解這點。

以釣魚來比喻，你能獨當一面，就是能自己使用釣竿或漁網補魚，不必借助任何人的幫助。為達成這個目的，主管會借你釣具，教你使用方法。

不過，很會照顧人的主管，常常是自己把魚都釣到或捕好，更誇張的是，還會把魚以方便吃的方式烹煮好，直接給你。

你或許會覺得主管這樣的做法很體貼，但如此一來，你永遠都無法靠自己一人的力量捕到魚，也不可能超越主管。

無能的主管不一樣，他可能是說：「要吃魚？你看，那邊有釣竿，你就自己隨便釣一釣吧。」這種態度當然不會令人感激。不過，你如果不想辦法釣魚，就無法填飽肚子，只好有樣學樣看其他漁夫怎麼做（這也就是「自發性學習」）。

結果，不久後，你就能多少釣到一些魚。然後不到半年，你也就釣得有模有樣了。

從上述觀點來思考，你就能理解，不管是跟著好主管或壞主管，其實結果沒有太大差別。

不過，跟著能幹主管工作時，要是誤以為自己能踢進決勝球是靠個人實力，而忽略主管的漂亮傳球助攻，還因此驕傲，就不會有所成長。反之，跟到無能主管時，如果索性擺爛不努力，也不會進步。簡言之，你的心態決定一切。

## 接受「下屬無法選擇主管」的不合理狀況

在社會上，你本來就不可能拿到一手好牌。跟到好主管或壞主管的幸與不幸，請將它視為非接受不可的不合理狀況。

打麻將時，一開始拿到的牌裡面，就是會有那種很想丟出去的牌。工作也是一樣的狀況。但就算拿到一手爛牌，如果反向操作，搞不好有機會出現據說好幾年才有一次的「國士無雙」，來個大逆轉。

話說回來，我剛出社會時，也完全沒得到主管的幫助，他們既不教我工作，也不說一句慰勞的話。我總是心想：「有一天我要出人頭地，然後把這些人都降職。」就是靠著這股負面的熱情工作（不過，也可能是因為我個性魯莽叛逆，又一副了不起的樣子，才會被主管討厭）。

雖然不是適合大聲說的話，但我當時就是那麼想，然後拚命努力，才有現在的我。

## 菁英記者的挫折與振作

接下來，我來說個內幕。

如同各位所知，出版本書日文版的日經BP社，是日本具代表性的商業書出版社。此書的責任編輯吉岡陽，雖然不過三十五歲左右，卻是編輯部裡王牌級的能幹記者。我在日經BP社出版的其他雜誌有幾個連載專欄，所以跟他合作的時間比較久。

吉岡從小就很優秀，國小、國中、高中都沒經歷什麼大挫折，之後考進一流大學，畢業後，進入與他菁英人生很相稱的日經BP社工作。

到此為止，一切都很順利，可是，他剛進公司遇到的頭一位主管，偏偏就是嚴厲的魔鬼軍官。吉岡嘔心瀝血寫出來的稿子，完全遭到否定，也不只一次兩次被劈頭痛罵：「吉岡，你這笨蛋！這種小學生程度都不如的作文可以刊登出來嗎！」

我雖然也是恐怖主管，不過我比較體貼，頂多是罵下屬「連國中生都不如」。

那麼，吉岡的反應是什麼？他鎖定比較少挨罵的資深同事，徹底模仿他們，包括採訪、寫稿，以及如何調整人際關係等。就是有這些經驗，才能有現在的他。

即使大企業裡的菁英都是經過篩選，也會經歷這樣的事。你是要怨嘆自己主管運差而放棄，還是善用逆境，追求更大的成長突破？一切都由你的心態決定。

## 即使你覺得公司糟糕透頂，還是請忍耐三年



我想稍微延續一下前述話題。

或許，你現在正覺得「自己進了一家很扯的公司」，或許你迫不及待想辭職，每天早上都很憂鬱。或者，即使不到這種程度，卻心煩意亂，懷疑這個工作是否真的適合自己。

我這麼講雖然是直了點，但不論以上哪種狀況都很愚蠢。你才剛進公司，不要說獨當一面了，連獨當「半」面都稱不上，在此狀態下，你還沒能力判斷自己的公司是好是壞，也不會知道是否適合自己。

目標是三年。總之，請忍耐三年，在此期間努力工作。

我將目標訂為「三年」，有三個理由。第一，要全盤了解公司，差不多

就是要花這麼多時間。第二，經過三年，人事可能有所異動，你的主管也不會是同一位，公司環境也可能變得對你比較有利。最後一個理由是，如果沒有至少工作三年，一般人不會認同該段工作經歷。

## 是你自己選擇進入很扯的公司

我跟一位接案編輯S先生很熟。他跟前述提到的吉岡不同，雖然大學讀的也是名校，但成績不上不下。畢業後，進入一家規模不上不下，與他成績相稱的出版社工作。

不過，這間公司很誇張，管理編輯部的人是社長的情婦，她並挾著社長之勢，在社裡耀武揚威。也因此，公司裡的氣氛聽說糟糕透頂。不幸的是，在那位女性之下工作的S，可能也是因為年輕吧，每天都和主管衝突，最後筋疲力竭，不到一年就辭職。

聽了這段過去後，我說：「S啊，這是你的錯。」不，最糟糕的人當然是令人羨慕……不對，是做出這種荒謬之事的社長。經營公司，應該是要讓大腦血液循環良好才是，而不是讓下半身充血啊。不過，S先生之前沒看出這一點，也不能說一點責任都沒有。

聽我這麼說，他很不高興地反駁：「哪有這種事！我事前怎麼知道社長的情婦會進公司？」

踏入職場，明明是重要的人生大事，他這話卻說得好像不用靠自己。進公司前，應該有機會看到公司內的工作狀況吧，那麼，起碼應該能注意到「公司內氣氛不太好」、「員工似乎感覺無精打采」。

儘管如此，S還是選擇進入該公司，他當然有錯。

再者，就算社長的情婦再無能，她出社會的時間還是比S久，歷練也比較多，直接跟這種人針鋒相對真的很蠢，會打敗戰也是無庸置疑。

## 不可能換到比現在條件更好的公司

當然也可以說，S當時畢竟剛出社會，無法察覺公司氣氛惡劣，也是沒辦法的事。不過，請想想看，現在認為「我待的這家公司真是有夠差、有夠糟」的你，社會歷練其實就跟當時的S一樣。也就是說，你還不太有社會人士的眼光，沒有一種能判斷出組織優劣的直覺。

你覺得，在此狀態下辭職去找工作，有公司願意用優於你現在的受僱條件僱用你嗎？以我近四十年的社長經驗來看，幾乎不可能。就算哪家公司真的錄用你，但由於你幾乎必須再從零開始，對你極度不利。公司不是在一般新進員工入社的時間點錄用你[2]，就是期待你能發揮即戰力，也因此，你會更難與他人配合。

2　日本公司的新進員工幾乎都是在每年四月入社。

搞半天，你又得離職換工作，然後，同樣的事不斷重複……S先生的狀況也不例外，他為了跳脫這種惡性循環，吃盡各種苦頭。雖然說，就是因為有那些艱苦過程的歷練，才有現在的他，但這到底是少見的狀況。你不應該重蹈他的覆轍。

## 對自己的判斷及說的話負責

托網路之福，現在這個時代，不是很容易掌握一家公司的評價嗎？但你還是選擇了現在的公司。或許你是因為進不了心目中第一志願，只得選擇備胎。但不管如何，最終選擇還是出於你的意志，不是嗎？面試時，就算只是嘴上說說，你不是也向面試官說「請多多指教」、「我會努力」嗎？

在此前提下，你對自己的判斷和說的話應該負責。也就是說，在你抱怨工作無趣、跟公司頻率不合之前，你應該思考如何讓工作變得有趣、有價值，並付諸行動。

日本幕末長州藩的志士高杉晉作，有句辭世名言：「將無趣的世界變有趣」。這句話很有名，或許你也曾在哪裡看過。這句話還有後半段：「讓此事成真全憑自己的心」[3]。

將無趣的公司變有趣、不開心的工作變開心，一切都全憑你的心態而定。

---

3 下一句話，也有出處表示為高杉晉作的好友野村望東尼所說。

請不斷設定短期目標



前面提到，你應該思考如何讓工作變得有趣、有價值，並付諸行動。不過，儘管我這麼說，所謂工作大致上還是辛苦的事。

你應該看過有人熱中某項興趣，結果將興趣變成工作的報導吧？你可能覺得，能靠著做喜歡的事維生，真令人羨慕。

不過，媒體呈現出的，頂多是事情的某個面向而已。有機會請實際接觸當事人，聽他怎麼說。因為，就算工作內容是自己的興趣，也一定還是有煩惱和辛苦之處。

世上沒有輕鬆的工作、不辛苦的工作。我聽說，「烏托邦」一詞除了有「理想國」之意，也強烈蘊含著「任何地方都不存在的場所」之意。你的期待如果是一個沒有壓力的職場，那真的是烏托邦式的幻想。

## 老闆也不想上班

即使我已經六十五歲了，晚上就寢前還是會在心裡想著：「明天真不想工作。」早上起床時，也會想著：「今天好懶啊。」我在各位這樣的年齡時，每天上午和下午各會浮現一次不想工作的念頭，也有過一天想五次的狀況。我一年大概工作三百天，而且這種每天不想工作的狀況還持續了十多年，計算下來，實際上我大概想過一萬五千次以上「不想去工作」。雖然我是想用自己的例子，示範第六十八頁提到的「以數字思考事情」的原則，但一計算下來，我自己也大吃一驚。雖然這是我自己說的，但之後我確實因想法改變，也就比較沒有不想工作的情緒了。

連身為社長的我都有這種情況，剛出社會的你，會覺得工作無趣、討厭，也是理所當然。不過，我跟你有一個決定性的差異。

我完全接受「工作基本上都很辛苦」的這個事實，就算覺得痛苦，也會認為這是「自己的決定」，所以能每天面對工作。反之，你沒有接受這個事實（或是只有部分接受），因此，受困於厭惡及想辭職的負面情緒中。

## 有目標，所以能努力

在此，我要提供你兩道處方箋。其一，是和同期進公司的同事聚餐。聚餐時，問一下他們狀況如何。

搞不好，他面臨的狀況比你辛苦，如果是這樣，你就會調整看待自己處境的心態。又或者，他在比你好的狀況下工作，若是如此，請你思考該怎麼做才能跟他一樣。

對工作感到不平不滿，多數都是起因於視野狹隘，誤以為只有自己很辛苦，對其他部門或公司存有幻想。

要戳破這種幻想，最好的方式就是聽立場相同者的話。也不一定要找同期進公司的同事聊，跟學生時代的朋友聚餐、聊天也可以。光是跟別人聊聊，鬱悶不滿的心情就能減輕不少。

另一個更有效的處方箋，是經常設定短期目標（或是給自己的獎勵）。例如：「下筆獎金就當作買新車的頭期款」，或是「領到薪水，就跟男／女朋友去吃頓稍微豪華一點的晚餐」。當然，也可以將目標設定為「明年我希望能升上主任」。即使是討厭的工作，如果升遷能獲得相對的待遇及權限，也就比較有努力的價值吧。

請回想一下以前你準備升學的情況。你的第一志願是〇〇大學，而模擬考結果顯示，你考上的機率為百分之五十，狀況岌岌可危。但你會因此放棄嗎？不會吧。你應該會努力用功，盡可能在應考前提升實力。

那是因為你有「想進〇〇大學」的具體目標，所以努力。即使功敗垂成，你考上作為備胎的大學，但為了考上第一志願而努力的過程，對你來說還是很寶貴的資產，而且正是由於努力，才能考上作為備胎的大學。

## 工作不開心，是因為沒目標

我以前聽過一件事。在某個獨裁國家裡有個思想矯正所，所裡的人發給監禁的政治犯一百根樁，命令他們在某個地方打樁。待工作完成後，又命令他們拔出所有的樁，再去另一處打樁。

就這樣一再重複這個過程，最後，就連身經百戰，不管肉體承受多大痛苦都不屈服的游擊隊隊員，也終於發瘋。這是因為人類這種生物，無法忍受自己的行為沒有目標或目的（也可以說是「意義」）。

工作也一樣。你覺得工作無聊、不開心，是由於沒有具體目標。目標不宏大也無所謂，就像前面提到的，像是邀約喜歡的人約會，或是花錢在嗜好上的這種小目標即可。要經常設定這種短期目標，如此一來，就能慢慢從工作中發現意義。

前面提到，不管什麼工作，大致上都是辛苦的。雖然原則如此，但心態改變，也就能在工作中發現樂趣與價值。你只是由於沒設定目標，所以還未發現而已。

## 決定目標後，「現在該做什麼事」就會變得明確



我之所以建議要決定短期目標，是因為有短期目標，你就能清楚現在必須做的事。

如果目標是將獎金作為買車頭期款，那自然是多一點比較好，那麼你就會意識到「以現在的業績來看，獎金的金額也沒什麼好期待的」、「這表示我得更努力提升業績才行」。

如果目標是要跟男／女朋友共進晚餐，約會那天就得準時下班，你就會意識到「我必須在×點以前把工作完成」。

如果目標是升上主任，你就會去調查一下，要有怎麼樣的成績、具備何種技能，然後知道自己非得努力不可。

總之，就是要決定「想怎麼做」、「想變成什麼樣」的目標。如此一來，你就會知道現在必須做的事，也因此改變行為，這點很重要。

## 首先，決定目標吧

我先岔題一下。你認為，公司老闆最重要的工作是什麼？我認為一言以蔽之，是「做決定」。

決定公司要做什麼、變成什麼樣子，然後思考實現的方法，擬定策略，並指示員工，讓他們付諸實行，這即是老闆的工作。經營就是一連串決定的累積。

我在前一小節提到大學入學考的例子。你決定志願時，應該是依類似以下的想法決定的吧——「我的成績大約是這個等級」、「所以，有望考取的學校應該是××大學或△△大學」、「如果我再努力一點，應該也有機會考上

○○大學吧」。

不過，老闆的想法不同。不管自己成績如何，就直接決定「我要進東京大學」。

這真是亂來。沒錯，當然很亂來。不過，如果決定要進東大，就必須拚命用功，在此情況下，或許真有機會考上。若是如此，當然是萬萬歲。就算沒考上，或許也能考上東京六大學[4]中比較容易考上的科系。

反之，如果不想努力，而是以原本的安全牌××大學（這裡不太好直接舉哪個學校為例）為目標，會是什麼情況？可能東京六大學的任何科系都沾不上邊。

一個是以東大為目標，雖然失敗，但考上其他好學校的學生，一個是以××大學為目標，順利考上三流大學的笨學生，哪個比較好？哪個比較可

4 東京六大學，為組成「東京六大學棒球聯盟」的六所大學，包括東京大學、早稻田大學、法政大學、明治大學、慶應義塾大學、立教大學，六校皆為名校。

能過著充實人生？答案不用說也知道。我學生時代是個笨學生，就是因為我只付出差不多的努力而已。

## 目標訂得高，行動也會隨之改變

我們武藏野公司也是一樣的做法。每個會計年度結束時，我會集合所有職員宣布：「下個年度，公司營收要成長百分之一百二十，請各位以此為目標努力」。

我一說完噓聲四起，這也是當然的事。在景氣持續不景氣的日本，像我們公司這種典型傳統產業，要在短短一年內營收成長百分之一百二十，這種目標不要說是考上東大了，簡直像是要拿到麻省理工學院博士學位那麼高不可攀。

當然，這種目標無法達成，說得更精確一點是：過去從來沒達成過。

不過，決定以「營收成長百分之一百二十」為目標並宣告後，員工就會努力（就像前面提到的「行動也會改變」），結果，就算沒有成長百分之一百二十，但也成長了大約百分之一百一十。這是我們公司每年增加營收和利潤的方法之一。

要是我大發佛心地說：「下個年度跟前一年一樣就好」，狀況又會如何？員工會放鬆神經，結果營收只會比前一年差，這是絕對可以確定的事。

## 達成一個目標後，再設定新目標

現在你只是公司內一名員工，還不用做出社長等級的重大決定。不過，如果轉換一下看事情的角度，也可以說，你就是「自己股份有限公司」的社長。而且，你已經擔任這個職位二十五年之久。

前面提到，「所謂經營就是一連串決定的累積」，現在的你，也是由過去你做的每個決定所造就。這麼想的話，你就能深刻理解現在設定更高目標的重要性。

日本有句俗語說：「水往低處流，人往好走的地方走」，但你可不能往好走的地方走。買了車後，可以再決定下個新目標：「我想在車上裝一台好的汽車音響」，跟男／女朋友享用大餐後，可以將「下次一起去旅行」作為目標。當上主任後，再以當上股長、然後是課長為目標。

要像這樣經常設定短期目標，達成後，再設定新目標並朝目標行動。重複這個循環，身為社會人的你就能成長。

## 公司的一切都是由決定所決定

真要說的話，幫你設定工作目標，是主管必須做的事。以我們公司來說，每個月——是每個月喔——管理階層都會和一般員工面談，設定目標，以作為彼此的共識。

不過，讀到這裡，你應該也很清楚了，如果主管沒幫你訂目標，那就自己訂。如果你能這麼想，那麼至少你在心態上能和主管並駕其驅。

二〇〇七年，我曾出版《賺錢老闆不傳的關鍵決定》一書。這是寫給公司經營者的書，內容對你來說可能有點難，但如果有機會的話，請你讀讀看。如此，你應該就能約略理解，經營者的思考方式和公司的一切都是由「決定」所決定。

## 只要有業績表現，就一定能得到回報

你社會經驗尚淺，負責的工作或許多為支援工作或雜事，因此，聽到「業績表現」，可能一時想不到該怎麼做，更不清楚自己的工作如何帶來回報。

但我能斷言，只要你有業績表現，一定會有回報。

就算你的工作是支援其他同事或雜事，也沒關係，如果跟你同期進公司的同事一天拜訪十位客戶，就請你拜訪十一位；同事花半小時完成工作，你就花二十五分鐘完成。這就是你現在能做到的業績表現。

你可能會覺得，這麼微不足道的事能改變什麼。當然，不管是拜訪十位或十一位客戶、花半小時或二十五分鐘完成工作，從公司整體來看都沒有太大影響。不過，一定會有人看到你小小的努力，也一定會給予肯定。然後，雖然不是馬上就發生，但對你的肯定一定會以加薪、升遷的方式回饋給你。這些事「一定」會發生，其必然之程度，讓我說了三次「一定」。

## 儘管面臨這些狀況，還是要追求業績表現

本章第六十八頁提到：「要養成以數字思考的習慣」。你認為，在你公司裡，誰最有這個習慣？答案是老闆。而且，老闆比你想的還要更仔細留意公司內的事，這一點第三十五頁也說明過。就算你的主管比較鈍，沒有察覺到你的能力和努力，但更上層的老闆（或是相當於該職位的高層），總有一天會發現你累積的數字，並且提拔你。

聽我這麼說，可能有人會反駁：「話雖如此，但我們公司內不同學校出身的派系壁壘分明，我不認為自己有辦法升職」、「連網路上某個版都提到

我們公司不太重視員工。在這種公司裡不管多認真工作，都是白費」。

沒錯，非常遺憾，有的公司裡，不同學校畢業的員工就是會形成不同派系，彼此間無意義地互鬥，也有不少公司對員工的態度是用過即丟。

假設你不幸進入這種公司，我還是要說：「儘管如此，你還是要追求業績表現」。因為，這麼做能提高你的「市場價值」。

你拿起本書，也一直讀到這裡了，表示你具有高度的職業意識。你這樣的人不必一直忍受這種際遇，有一天你就會有機會離開，去更寬廣的世界試試自己的能力。

為此，你必須讓自己的市場價值比現在高出許多。如果沒有人認同你的實力、想要你，你也沒辦法換工作。因此，你現在要盡可能磨練自己的能力。

只要你有實力，連跟你們是競爭對手的公司，也會成為你的夥伴。不管你公司再怎麼遜、如何封閉，還是會跟客戶、廠商或競爭對手接觸，與外面的世界有所連結。

在這個少子高齡化時代，按兵不動不可能新增客戶，一定得去搶奪競爭對手的市場，否則無法生存。在此環境下，你有業績表現，就會對對手造成立即傷害。中小企業是在狹小的地區、狹小的業務領域中爭奪占有率，所以對競爭對手的狀況也很清楚，總是會留意對方的戰力。

你如果能以業績表現打擊對方，競爭對手公司的社長或是幹部就會注意到你：「那家公司的〇〇明明很優秀，但在公司裡好像不受重用，不如我們以主管的待遇把他挖過來好了。」

現在的你可能不太相信有這種事，但我發誓，這種事真的經常發生。思慮周密的經營者非常清楚，企業的競爭力來自人才，因此經常求才若渴地尋找優秀人才。

## 放棄努力，就是放棄人生

武藏野公司也一樣。雖然我們很幸運，所經營的業務在公司所在的小金井市一帶，有百分之六十五以上的市占率，但競爭對手每年都會出招，想爭奪我們的市占率。

因此，我會使出各種方法調查競爭對手的動態。

我也不只一次、兩次，讓公司主管對敵軍的業務員說些好聽話，為挖角做準備。我們的主管可能會說：「咦？像A先生這麼優秀的人，薪水這麼低？真是太浪費了。如果是我們公司，薪水大概會多一倍吧。」

像我們公司這種連打工、兼職人員算在內，大約三百六十人的中小企業，會做這種事很平常。你們公司的競爭對手，自然也會思考類似的事，完全不會不可思議。從這角度來思考，你應該就能理解，不管學歷多差或公司多糟，若因此放棄，不努力追求業績表現，有多麼浪費人生。

## 現在你能盡力做好的事，就是「追求業績表現」



這麼說來，我也有過幾次由於業績表現不錯而被挖角的經驗。不過，我說這些不是為了吹噓，頂多是想讓讀者參考，請你隨便讀讀就好。

我畢業自東京經濟大學——雖然對這所學校的相關人士很抱歉，但它的確很難說是多優秀的學校。而且，我天性懶散，討厭讀書，幾乎不太去上課，結果讀了九年才畢業。

當時，畢業考要是沒過，我的學籍就會被取消。可是我沒念書，一題都答不出來，於是我索性豁出去，在試卷上這麼寫：

「我在貴校待了九年，持續繳交多年不便宜的學費，可是幾乎都沒來上課，如果從性價比來看，貴校等於是以最少支出獲得最大利益。換個角度來說，我是貴校創校以來最優秀的學生。所以，請給我畢業學分。」

這麼寫好像很了不起似的，但說白一點就是：「我花的學費比一般學生多好幾倍，請同情我，讓我畢業。」

真的很不要臉啊，指導教授看了後不知是啞口無言還是感動（多半是前者吧），總之我真的畢業了。回想起來，那個時代或許真的很不錯呢。

給我這個無可救藥劣等生畢業學分的老師中，包括著名歷史學家色川大吉教授。雖然已經是過去的事了，我還是心懷感激。

## 找工作時，鎖定「其他員工比我還無能」的公司

雖然我總算畢業了，但並沒有多少公司會僱用我這種魯蛇，於是我心想：「我就去其他員工都比我笨的公司應徵吧。這樣一來比較容易錄取，也容易有好表現，比較快出人頭地」。

結果，我總算應徵上的公司就是樂清公司加盟店的武藏野公司（當時的公司名是日本服務公司）。

事情的發展如我所預期。第七十四頁也提過，多虧沒有主管幫助，我順利累積經驗、提升業績，僅僅三年就當上社長。我們是小公司，所以我的職位就等於是老闆之下的公司第二號人物。像我這樣一個靠教授同情，才得以從沒沒無聞大學畢業的末段班學生，能爬到這種地位，算是非常出人頭地，應該很值得滿足吧。

不過，我才剛升上社長不久，就跟當時的老闆藤本寅雄大吵一架，最後辭職。成為無業遊民後，我在各個熱鬧的地方打轉，簡單來說就是每天去喝酒。然後，偶爾去看電影轉換心情，享受著自由的生活。

## 得到樂清公司創辦人的提拔

然後，有天我在羽田機場，偶然遇到現在已過世的樂清公司創辦人鈴木清一。

鈴木老闆看到我後說：「這不是小山嗎？好久不見。我聽說你辭職了，你現在在做什麼？」

我有點自嘲地說：「沒有，就是到處晃盪的無業遊民啦。」結果，鈴木老闆的回應出乎我意料之外：「這樣啊，那要不要來我這裡工作？」

日本服務公司，是樂清公司在東京的第一家加盟店，所以跟總公司的關係比較密切，我之前也見過鈴木老闆幾次。

不過，樂清公司當時已經是很有規模的大企業，但日本服務公司只是員工不到二十人的小公司。就算我業績再怎麼好，終舊只是井底之蛙，從樂清的規模來看實在微不足道。當然，我也不覺得鈴木老闆會注意到我。

但是，他卻很清楚我在日本服務公司做了什麼工作、有何業績表現，這讓我很驚訝。

驚訝的同時，我也湧起工作的幹勁，於是就在鈴木老闆的邀請下進入樂清總公司，員工編號為二二七七號。

我在樂清總公司叨擾了不到一年。在這期間，我又有了些業績表現，如改善業務流程、製作工作手冊，並建立早期發現不法情事的機制等。但於此同時，我萌生不論如何都想創業的念頭，於是提出辭呈。

鈴木老闆想挽留我，見我辭意堅決還說：「我提供你兩千萬資金，你只要做喜歡的事就好。」但我還是堅持離職，他就笑著說：「果然很有小山的風格啊。」

之後，我看到退職金的繳稅證明單時嚇了一跳。照理說，公司發退職金給入社不到一年的離職者，本來就極罕見，況且，退職金的金額居然高達八十萬日幣，這也是特例。後來我聽說，鈴木老闆在樂清公司的幹部會議上，提出要發退職金給我的提案時，所有幹部都反對。他們反對是正確的，但鈴木老闆還是不放棄，一心挺我，還一直低著頭希望得到其他人認同。後來，有個幹部出聲說：「這樣也很不錯啊」，最後，這筆退職金才撥了下來。

## 小契機促成人生的大改變

離開樂清總公司後，我成立了一家擦手巾租賃公司。很幸運地，公司順利成長，我每天也過得很忙碌。就在此時，有天我接到一通電話，打來的人是我以前任職的日本服務公司老闆藤本寅雄。他說：「我身體狀況不太好，請你一定要回來幫我。」他的請求雖然讓我非常為難，但我認為，自己有現在成績，追本溯源還是多虧了他，所以我同意了，然後就這麼走到現在。

你能相信嗎?跟我吵過架，我還因此離職的公司老闆會希望我回去。那是因為，當初我在那裡工作時，藤本老闆看過我從凌晨四點半開始工作，有時甚至忙到翌日清晨的樣子。

人生會因為一點小契機，而產生大改變。說得極端點，人生就是經常受到一些事情的「左右」——如字面所示，就連選擇走右邊的路或左邊的路也是。為了讓這種小契機盡可能往好的方向發展，你要經常留意，把能做得最好的事做好。而你現在能做得最好的事，就是追求業績表現。

## 判斷你業績表現的人是客戶

關於業績表現，我再稍做說明。

我在第九十九頁也提到：「如果跟你同期進公司的同事一天拜訪十位客戶，就請你拜訪十一位；同事花半小時做完工作，你就花二十五分鐘做完。」對現在的你而言，先把這類事做好，就是有業績表現。不過，有件事你必須留意。

你可能心想：「我已經知道是什麼事囉，就是接下來要將拜訪的客戶數增加為十二位、十三位，以及將完成工作的時間縮短為二十分鐘、十五分鐘。」哎呀，果然很優秀，非常了解狀況。人如果不持續給自己壓力，就絕對無法成長。

## 公司很快就會要求你提出具體業績

不過，事實上，你更需要留意一件事：增加拜訪的客戶數量，或是提升工作效率，這些事本身都不是目的。

增加拜訪的客戶人數，或是提升工作效率，當然很棒，但那是因為你還是菜鳥，這些事才會被認定是業績。

所謂業績，根本的意義還是「數字」。而對公司來說最重要的數字，就是營收帶來的利潤。

因此，很快地，就會有人問你這些問題：「喔，你拜訪了十一位客戶，那你的營收是多少？」、「那件工作，你花二十五分鐘完成，那剩下的五分鐘你做了什麼，有什麼成果？」你會被要求有更實際的表現。

而且，對你來說很遺憾的是，這件事不用多久就會發生。畢竟，明年又會有剛畢業的新進員工入社，屆時你就自動且強制地升格。

## 「我發的數量要多一倍」

以上提到的這件事，我也是從失敗中學到的。

包括武藏野公司在內，全日本的樂清公司加盟店，都會定期舉辦免費體驗活動，亦即免費提供握式拖把等產品讓許多家庭試用，並跟試用者說：「請您試用看看，喜歡的話，再跟我們簽約。」你的母親應該也試過用樂清公司的產品。

我還是公司菜鳥時，當然也負責過好幾年的免費體驗活動。當時負責的成員除了我，還有幾位比我資深的同事。一問之下，我得知每位成員平均一星期會發放試用品給一百戶家庭。

剛入社的我不知天高地厚，只覺得：「既然那些沒用的前輩一星期發一百戶，那我就多他們一倍，發個兩百戶。」然後拚命努力，總算達成目標。

這下我可驕傲了，得意洋洋心想：「這麼一來，今年的優秀員工獎就非我莫屬啦。」

## 誤解目標，也就無法創造業績

不過，我馬上就受挫了。雖然我確實在一週內發放試用品給兩百戶家庭，但跟我簽約的只有一戶。反之，其他前輩雖然只發放一百戶，但卻成交二十戶。若換算為成交率，事實上我跟他們的差距有四十倍之多，徹底慘敗。

而且，雖說是試用品，也不是零成本，而是由公司買單。此外，拜訪試用者需要花交通費，還有我的人事成本。說到底，我只是為了滿足自己小小的自尊心，卻損害公司的利益。

為什麼會變成這樣？那是因為，我將發放試用品的「數量」誤以為是自己的業績，將大量發放當作目的。

後來我才知道，只要拜訪試用者時態度禮貌，清楚說明試用品性能，再怎麼遜的業務員都能有百分之二十的成交率。

可是，我卻將發放試用品的「數量」當作目的，無視正規流程，幾乎是強迫推銷似地發放試用品，有時候還誇張到連門鈴都不按，就直接來到人家玄關前。這種做法當然簽不了合約。

雖然很不想承認，但這確實是由於年輕所犯下的錯，現在，我只是對自己當時不了解狀況而羞慚——發放的數量多寡雖然也很重要，但更重要的是要順利簽約。

要讚美我努力在一週內發放試用品給兩百戶家庭，或許也可以（先姑且不論我的做法）；不過，事實上幾乎沒有顧客跟我簽約，所以等於是沒有「業績」。

## 「努力」和「辛苦」，都與業績無關

很多人動不動就說「我這麼努力」或「我這麼辛苦」，然後憑著這種個人感覺，認為自己表現得很好。人有愛惜自己的心情理所當然，不過，可不能搞錯狀況。決定你表現得好不好、有沒有業績的人，不是你自己，更不是主管或老闆，而是客戶。當客戶決定掏錢買下，你的努力才終於變成了「業績」。那麼，該怎麼做才能受客戶青睞，真正創造出業績？且看下一章以後的說明。

03
Chapter

# 你現在應該要處於狂熱工作的時期

## 請營造出「非努力不可的狀況」

「好，我要拚命加油」、「我要努力創造業績」——讀到這裡，你應該重新燃起鬥志了吧。

非常棒。因為，就算主管或前輩為了讓你儘早熟悉工作、有業績表現，明著暗著幫你，但若身為關鍵人物的你不努力，也沒有意義。就像日本俗語說的：「雖然能牽馬到泉水邊，卻無法逼牠喝水」。

不過，除非你想努力的心情很強烈，否則很難持續太久。或者該說，人光是在心裡想著要做什麼事、要變成什麼樣子，很難一直維持那股衝勁。

## 要維持決心，需要外在因素

我也一樣。現在我每天早上出門時都會想：「我今天要對員工和藹可親一點，成為一位大家愛戴仰慕的社長。」不過，一到公司，這種決心就不知跑哪裡去了，有時候還會很有氣勢地大發雷霆。

要維持決心並付諸實行，需要有「非這麼做不可」的外在因素。以這例子來說，要我不罵人，就必須先有「員工根本不用罵，就能顯著進步」的狀態。但這種狀況幾乎可說是「絕對」不可能，我還是用其他例子說明吧。

## 這本書原本應該早一年出版

本書日文版，是在二〇一三年三月出版，不過，原本預定出版的日期是前一年三月。

其實，早在出版前兩年的二〇一一年初春，我就拿到了企畫案，原訂截稿日則是同一年年底。這樣的排程算是很鬆。由於出書對我們公司來說也是種宣傳，所以我很爽快地答應。不過，這就是錯誤的開始。

因為我雖然是經營武藏野公司的專家，但寫作上卻等於是個素人（讀到這裡，你應該已經發現了）。

我原本就不擅寫作，加上身為老闆，十分忙碌，以至於截稿日期一延再延。對於責任編輯吉岡陽的催促和關心，我只能打馬虎眼回應，但還是一直沒動筆。

## 責任編輯的殺氣開啟了開關

二〇一二年六月，原訂截稿期後的半年（這時我連一個字都還沒寫），吉岡有一天突然來我公司。由於之前我們都是靠E-mail和電話聯絡，所以我難免有點驚慌。

「截稿期已經過很久了，您寫稿的狀況如何？」

吉岡是位溫和紳士，他像平常一樣沉穩有禮地問我，不過，我卻從他的話中感受到一股殺氣，像是在說：「回答得不好，你就準備受死吧！」我突然覺得害怕，希望早點打發他走，於是大聲說：

「我對自己的怠惰深感抱歉，今年十二月底，我一定會把稿子完成！萬一拖到明年，每拖一週，我的版稅就往下減百分之一沒關係。」

一般來說，作者的版稅是書籍定價的百分之十，所以要是我延遲兩個月交稿，就等於做白工。而且，要是兩個月後還沒交稿，理論上，每拖一週我就得賠償百分之一的違約金。我一定要避免這種事發生。

這麼一來，我寫書的開關終於開啟了。之後，我的寫作狀況很順利，之前因為一堆理由怠惰的日子就像作夢一般。於是，本書也在遲了一年後順利問世。

## 我是以「正確」方式寫作

我這麼說很像是為自己辯護，不過，人就是這樣：工作要有截止期限，一旦超過就得受罰，如此才會努力。當然，在此狀況下或許成果有點粗糙，不過周圍的人如果幫忙一下，就能維持一定品質。

請回想一下學生時代。你平常是不是不太念書，但考試前就能發揮驚人的集中力用功，再跟朋友借一下筆記，發憤圖強一下，最後就能及格過關？工作也是同樣的狀況。

事實上，這才是正確做法：一直鬆懈到不能再鬆懈時，再一口氣趕在最後一刻完成。只要覺得還有時間，人就不會認真面對。由此導出一個必然結論：我是以正確的方式寫作本書。

關於這點，今後你也會隨著經驗累積愈來愈了解。不過，我的編輯吉岡似乎一直到最後都沒能理解這個道理，那是因為他還不夠成熟吧，肯定是這樣。

## 現在別人對你比較寬容

你現在是新進員工、年輕菜鳥，所以別人會對你比較寬容，不會給你太急迫的截止期限或太嚴格的業績目標。你或許對這個說法不以為然，不過，要我來說的話，給新進員工或菜鳥的業績目標，根本稱不上是業績目標。

在這種前提下，你如果想維持衝勁，在同期進公司的人之中脫穎而出，就必須有意識地為自己營造出非努力不可的狀態。那該怎麼做？

## 請搬出家裡一個人住

要營造出「非努力不可的狀態」，最簡單確實的方法，就是搬出家裡，開始一個人生活。

如果已經自己一個人住的話很好，要是還住家裡，請努力存錢，盡可能早一點獨立生活。

家裡若有病人或有人需要照顧，自是另當別論；如果沒有，就應該將搬出家裡、獨立生活作為近期目標。反正這只是遲早的問題，你終究得自己一個人生活。

## 正因為不容易，所以會想努力

剛出社會的新鮮人要自己一個人住，經濟上很不容易。首先是房租，如果住東京，光是房租每個月就要五萬日圓以上，也要付水電費。再者，外食機率變高，餐費自然會增加。

房子裡當然要有起碼的家具，而像電視、音響、電腦等3C產品，你也會想要吧。不久後，東西變多，你就會覺得房子太小，想搬去稍微大一點的地方。

另外，年輕人經常會跟學生時代的朋友聚餐，或是跟男／女朋友約會，所以娛樂費、交際費的金額，通常在支出上有較高占比。一個人生活的你，儘管只是一點零用錢，也得想辦法去擠出來。

在此情況下，大部分的人都會有這種想法：「我如果想過更好的生活、更充實的人生，就一定得往上爬，增加薪水，或是提升業績，增加獎金。」

產生這種意識時，你就等於是讓自己處於非努力不可的狀況。

## 住家裡，表示你有依賴心

要是住家裡，很難讓自己置身前述狀況。

住家裡的人，多少會給家裡一些錢吧。你的父母會心懷感謝收下，你也因此覺得，自己好像盡了一個獨立成人應盡的義務。

不過，這裡又要請你用數字來思考了。你使用的房間面積，以住家附近的房租行情來換算，約是多少錢？花在你身上的伙食費是多少？水電費呢？還有很容易忽略的一點：家人為你做的家事若以時薪來計算，又是多少？

這些金額計算下來後，你能有自信地說，你給的家用多於這個金額嗎？沒辦法吧。

那麼，這就表示你還依賴家裡，依賴好的家庭環境。

## 我女兒沒道理這麼可愛

有好的家庭環境，你當然要珍惜，不過絕不可心存依賴。因為，這份依賴會形成你成長的莫大障礙。

所謂的「背水一戰」，雖然在真正拚戰中是不可使用的下下策，但你仍必須一邊留意著退路，一邊以背水一戰的心態警惕自己，經常繃緊神經。而第一步，就是一個人住。

一個人住很棒喔。餐桌上不會出現你不愛吃的菜；放假時即使睡到中午，也不會有人說話；也不會有人囉唆地給你壓力，說你差不多該結婚，生個孫子給他。此外，你還可以盡情做一些這裡不好寫出來的事。而且，自己還能在獨居生活中成長。所謂天堂就是如此。

我比較晚婚，因此一個人住的期間也比較長。現在回想起來，我認真覺得，我人生最燦爛的階段，就是剛進公司還是菜鳥的獨居時期，特別是在喝得醉醺醺回家，面對總是以怒罵迎接我的妻兒時，我尤其這麼覺得。

我也很珍惜家庭，尤其還是個甚至覺得「我女兒怎麼可愛成這樣」的傻氣爸爸，但我怎麼還是覺得單身時期最燦爛啊？

## 一個人住，對自己和公司都有好處

因此，我總是建議剛進武藏野公司的員工，要自己一個人住，盡情做想做的事。如果他們能因為一個人住而快點成長，對自己本身當然有好處，而從經營者的角度來看，對公司業績也有幫助，真的是一舉兩得。

不過，我們公司並沒有「新進員工必須自己一個人住」的規定，所以儘管我都這麼建議了，也還是有員工住家裡。這些住家裡的新進員工，雖然也看得出成長，但跟自己住的員工比起來，個性似乎比較敏感，感覺上好像那種促成栽培的豆芽菜似的。

寫到這裡，我想起一間將「獨居」設為錄用條件的公司。

將「獨居」作為錄用條件的公司，是總公司位於埼玉縣富士見市的不動產管理公司「渡邊住研」（社長為渡邊毅人）。渡邊住研是大型不動產公司Apaman Shop的加盟店，在埼玉縣內有五家店。

富士見市位於首都圈內，渡邊住研也是一家普通的中小企業，所以錄用的新人多是當地畢業生。當然，很多人在找工作時都還住家裡。不過，該社在招募新人的公司說明會中一定會提到：「請你自己一個人住，這是敝社錄用新人的絕對條件。」

也因此，渡邊住研的業績順利成長，尤其在二〇〇八年發揮了這項錄用條件所帶來的優點。

## 金融風暴後業績還能成長

二〇〇八年，美國大型投資銀行雷曼兄弟（Lehman Brothers）出現經營危機，在此導火線下，全球陷入金融風暴。這股風暴很快波及日本，導致景氣急速惡化，很多不動產公司的業績也大幅下滑。

當然，Apaman Shop也不例外。可是，儘管日本各地Apaman Shop的加盟店都陷入苦戰，渡邊住研各分店的業績卻比前一年上揚。

這是為什麼？不用說，自然是因為公司要求所有員工都自己一個人住，使他們因此快速成長。當然，渡邊住研在業績成長後，也以加薪、給獎金的方式回饋員工。

在金融風暴中業績還能成長，這一點非常厲害，畢竟金融風暴影響之巨，若以某部人氣動畫[5]裡的設定來比喻，就等同於「第二次浩劫」（Second Impact）（事實上，因此失去性命或住處的人也很多）。它的影響直到五年後的現在[6]還在發酵——大型不動產公司還是理所當然似地大規模裁員，或是減薪。

## 書面評量與實際業績間的落差

選擇租屋處時有個重點：「盡量住公司附近」。

我們公司第三分店（武藏野市），有兩位名為長妻圭一郎以及浦和優貴的員工。他們都是二〇一一年進公司，而且同樣都搬出家裡自己一個人住。

在確定錄用他們二位時，我的判斷是長妻應該比較優秀。他們進公司

5 這裡指的是「新世紀福音戰士」。
6 這裡指的「現在」，是此書日文版的出版時間二〇一三年。

後，各種書面評量及測驗也顯示出，長妻比較有企圖心，能力也較強（我很積極想了解員工的資質與心理狀態，所以常做這類評量和測驗）。

但實際工作後，不知為什麼，浦和的業績經常比較出色，而且兩人的差距不小。

書面評量的結果和實際業績出現落差，這是為什麼？我苦思其中原因，後來想到一個可能性。浦和的住處離公司比較近，騎腳踏車約十分鐘就能到；長妻通勤時還要換車，從出門到抵達公司需要一小時。

不試不知道，所以我跟長妻說：「你搬到第三分店附近吧，這樣你的考績就會變成Ａ。」

## 不要小看通勤時間的差距

我先說在前頭，我們公司賞罰分明，員工光是搬到工作地點附近，考績並不會變好。我只是無論如何都想確認通勤時間和業績的因果關係，所以這麼說。

長妻把我的話放在心上後，下一個月就搬到第三分店附近。而結果確實如我所料，長妻的業績開始上升，很快就贏過浦和。去年底的考績，兩人就有了很大的差距。

通勤時間十分鐘和一小時，不要小看這五十分鐘的差距。光是多出這些時間，就能將工作準備得更周全，下班後也能早點回家，好好放鬆身體。這之間的差距比你想像中的大。

## 提供「近距離津貼」的公司

有一家公司也有鼓勵員工住公司附近的機制，那就是化妝品公司「Dr. Recella」（老闆為奧迫哲也）。很多日本女性應該對這品牌有點印象，也許是看過電視廣告，或在美容沙龍中見過。

該公司總部位於JR新大阪站附近，他們的做法是發放「近距離津貼」給員工。員工只要住新大阪站三站以內的地區，而且一個人住，公司就會補貼兩萬日幣作為住宅津貼（東京分店的規定是住公司五站以內），公司內的年輕員工有八成利用這個制度。這個規定制訂五年多來，該公司的營收已經成長了一倍多。

促成營收提升的動力之一，是員工獨居後有所成長，以及因為住得離公司近，工作更有效率。再者，年紀相仿的員工都住公司附近，就比較有機會一起去吃飯、喝酒，彼此間變得更好溝通，這也是公司變強的原因之一。

請記住，良好的溝通，是有好的工作品質及提升業績的最關鍵要素。第一六二頁以後會再詳述。

## 目標是「不用換車，三十分鐘內可到」

從新大阪站搭JR線或御堂筋線往北，僅僅三站，就能來到安靜的住宅區，想在此一個人生活比較容易。不過，如果是東京，而且公司又在都心的辦公區，社會新鮮人領的薪水，或許無法讓他們自己一人住在搭電車到公司只要三站的區域。

所以，也可以把租屋條件設為「不用換車就能到公司」，以及「乘車時間三十分鐘內」。比方說，如果離公司最近的車站是JR東京站，那麼往東到千葉縣的津田沼站，往西到三鷹站，都符合不必換車、乘車時間三十分鐘內的條件。這些區域比較便宜，以你現在的薪水也負擔得起。

所謂的成功者，不是一開始就擁有目前的際遇和才能。他們是因為會認真思考這類小事，並付諸實行，慢慢累積後，才有現在的地位。

每天早上提早半小時進公司



延續前一項主題，我還想給你一個建議：成為「晨型人」。

如果公司規定早上九點上班，請你八點半就到，利用這半小時準備工作。比如整理昨天沒做完的工作，或是重新檢視要拜訪的客戶名單，思考業務拜訪計畫。又或者，只是單純把辦公桌整理乾淨也可以。能做的事情很多。而且，請每天持續，請注意，是「每天」。

## 只要勤勞，不怕沒能力

你覺得這麼做很麻煩？或感到可笑？「做這種事能改變什麼嗎？」不過，

正如第一〇〇頁所提到的，你的努力一定會被看見。或許有人看到後心想：「〇〇很專注於工作喔，那麼，下次也讓他參與新企畫案吧。」

這種事就算沒發生，你也不用失望。光是每天早半小時進公司，在工作上多花點心思，那麼，就算跟你同期進公司的優秀同事很多，一年後你還是能脫穎而出，並因此獲得高度肯定。這個結果也可以說「絕對」會發生。有句日本俗語說：「只要努力，不怕沒飯吃」，我也來照樣造句：「只要勤勞，不怕沒能力」。這是真的。

## 被自己以前的下屬換掉

敝社有個名為石川克裕的老員工。他剛進公司當時，我們公司員工的平均能力比現在差得多（也就是令人絕望的低）；所以，相對比較像樣的石川也就因此順利往上升，幾年後當上了課長。

不過，他就是沒辦法早起。雖然不至於遲到，但經常趕在最後一刻才進公司。

那時我認為，要讓公司這些廢材獨當一面，只能徹底教育他們，所以每週一到週五早上都舉行晨間讀書會。

而且，晨間讀書會的出席狀況會納入考績評量。不過，由於形式上是自由參加，早上爬不起來的石川，也就一直任由自己的考績下滑（換個角度說，這也是毅力驚人），幾乎沒怎麼出席讀書會。

當時，石川有個下屬名叫久木野厚則。久木野也不怎麼靈光，但他跟石川不同，早起正是他「唯一」的強項。他每天早上都很早進公司，晨間讀書會的缺席次數更是連石川的十分之一都不到。

之後的故事發展如何？久木野不斷進步，幾年後當上課長，和石川並駕其驅，再幾年後甚至當上部長，超越石川。

另一方面，石川還是一樣很難早起，業績依舊停滯不前，考績也是連續好幾年拿C。終於，久木野部長宣布將他換掉——這樣好嗎？直到幾年前，對方還是自己的上司耶。之後，有十五年之久，石川就這麼一直甘於當個一般員工（這點從某個角度來看，也是很有毅力）。

## 「早晨的三十分鐘」，不久後就會形成莫大的差距

後來，石川終於往上爬，是因為結了婚，有老婆早上叫他起床。再者，他後來的主管是公司內一位名叫滝石陽子的幹部。滝石掌握太多石川的把柄，以至於他在滝石面前完全抬不起頭來。石川實在不想繼續當她下屬，於是又努力升回課長。石川的年資很長，我介紹他時都說：「他是課長中薪水最高的一位，員工中最偷懶的一個。」結果，他就開始參加晨間讀書會，彷彿過去偷懶的一切就像假的一般。

如果一年參加兩百次讀書會，每次三十分鐘，一年累積下來就有一百

小時。可不能小看這數字，簡單打個比方，要考汽車駕照，不是頂多上個五十小時的課就有機會考過嗎？那麼，如果是工作上的「一年一百小時」，持續兩年、三年，會有什麼改變？顯然，一定會跟沒有做的人之間形成極大的差距。

每天早半小時進辦公室，就是形成這極大差距的第一步。

你應該有休假日進辦公室加班的經驗吧？早上出門時，心不甘情不願地想著「明明是放假還得工作，真是做不下去了啦」，但進公司後發現，沒有囉嗦的主管在，也沒有電話打來，辦公室很安靜，以至於工作效率比想像的好。

每天提早半小時進公司，就能每天創造這樣的工作環境。

## 成功者都是晨型人

當然，三十分鐘很短。不過，一早的三十分鐘，足以和下午三點過後節奏忙亂的兩小時匹敵。因此，我每天早上都四點半起床，六點跟來找我的公司幹部一起出門，在車內聽取三十分鐘的報告後抵達公司。

我除了老闆分內的工作外，每年還會舉辦二百四十次左右的講座和演講，一年出版四、五本書，而且有六十五天跟員工聚餐、有六十天會去新宿的歌舞伎町等地喝酒。

你可能會很訝異：「小山先生居然有這麼多時間」。說穿了很簡單，不過就是早點進公司，在能集中精神的環境下處理雜事。

美國有位知名的經營者或是投資家也說過：「成功者的共同點，是他們都是晨型人。」從我的經驗來看，這也是真理。我們公司有經營顧問的業務，我因此和全日本五百多家公司的老闆有來往，那些業績成長的公司老闆無一例外，都是最早進公司的人。

## 你還必須再工作近四十年

老實說，我要寫出「早半小時進公司」這個觀點，需要一點勇氣。畢竟，現在幾乎沒有公司會大方支付員工這半小時加班費，因此一定會有人反駁：「什麼嘛，小山只是說對經營者有利的話吧」。

不過，請仔細想想。你還必須再工作近四十年喔，要讓這四十年變得充實，必要的元素是什麼？沒錯，是持續成長。如果早半小時進公司就有效果，為什麼要吝於付出努力？這跟有沒有加班費無關。請你不要被眼前的得失所惑，而是成為一個能從長期觀點來思考職涯的人。光是這麼做，你也能夠有相當的成長。

## 請有效利用零碎時間

一般公司的上班時間是朝九晚五，但依產業不同，有的上班時間早一點，有的半夜才下班，但不論什麼產業，依據勞基法規定，勞工一天的上班時數不得超過八小時。

那麼，你覺得在這八小時內，實際的工作時間大概多長？先說結論，大概是五小時左右。午餐時間、休息時間、為了談公事的移動時間、與同事說些無聊話的時間，以及泡茶和去上廁所的時間……把這些跟工作無直接相關的時間扣除，實際工作時間大約五小時。不論任何產業，都差不多是如此。

## 工作間的空檔，是提升業績的關鍵

也就是說，你的工作時間只有上班時間的三分之二，這麼一想，你不覺得意外的少嗎？

為謹慎起見，我先說在前頭，我不是說「你必須整整八小時都專心工作」。跟同事聊天也完全沒問題，請多說一些無聊的話，多多溝通。

要泡杯茶喝？很好啊，喝杯茶也很必要。請重振精神、調整心情再工作。當然，想上廁所也別忍耐，請立刻去。萬一出糗了，你失去的可是比時間重要的東西。

不過，重要的是，要思考能否有效利用這些零碎時間，對工作有幫助。更重要的是，要將想法付諸實行。

第二十二頁提到累積經驗的重要性，而所謂「累積經驗」，說到底就是「花時間」。不過，正如前述，大部分的人一天的實際工作時間都差不多。

也就是說，怎麼使用零碎時間，將會是你成長或提升業績的關鍵。

## 連車窗外的風景，都能跟業績產生連結

我來說說自己的例子。

當初，我一進日本服務公司，也就是現在的武藏野公司，就被分發到業務部。當時公司規模比現在小得多，公司車也很少，我是菜鳥，拜訪客戶時幾乎有一半時間都是搭電車。

搭電車拜訪客戶時，去程和回程我會刻意坐視野不同的位子。比如去程的座位是面向北側窗戶，回程我就會選擇面向南側窗戶的位子。這麼一來，車窗外的風景就會不一樣。

看著窗外風景時，我就能得到一些資訊：「喔，那塊地開始整地了啊」，或是「×月左右，應該就會開始有住戶搬進去」；然後，我只要估算好住戶

入住的時間，在那時展開業務攻勢即可。

再者，吃午飯的時間我也不浪費。一般上班族在等著餐點上桌時，會一邊讀報紙體育版或漫畫雜誌，我則是瀏覽地圖或看徵才雜誌[7]。

## 徵才廣告是最棒的業務工具

地圖也就算了，你不清楚我為什麼看徵才雜誌嗎？

且讓我解說一下。企業會在徵才雜誌刊登廣告，正是由於人手不足，這也表示該公司正在成長中，或許要開分店或開拓新事業。當然，我也能合理判斷，該公司很可能正需要新添拖把和腳踏墊。

於是，接下來我就只要付諸行動。而且很棒的一點是，徵才廣告上都會

7 在網路尚未普及前，日本曾有多本徵才雜誌。

有公司地址和電話，沒有比這更棒的業務工具了。

前面第一〇六頁提到，我進公司三年就升上社長，在公司內的地位實際上只在老闆之下。雖然我擔心我這麼說有點老王賣瓜、自賣自誇的感覺，但像這種開發客戶的工作，我的同事是在「實際工作時間內」做，我則是在「實際工作時間外」做，升遷速度有別也是理所當然吧。

## 你仔細讀過客戶網站的內容嗎？

能在搭車時或是等著拉麵還是炒飯上桌時，留意如何活用這些零碎時間，而且真的有效利用的話，就能跟同期進公司的人拉開差距。請你當然也要這麼做，只要花心思，就能找到很多應該做的事。

比如說，你會去拜訪客戶吧。那麼，你曾經仔細讀過客戶網站的內容嗎？沒有吧，因為大部分公司網站都不太有趣。

那麼，請你試著在工作空檔時，一邊喝茶，一邊上網逛逛客戶的網站。比如說，你可能會發現「咦，原來A公司在廣島縣有分公司啊」，之後拜訪客戶時，你就可以說：「我知道貴公司在廣島有分公司。事實上，我老家就在吳市[8]喔。」

即使是這樣簡單的互動，就能提升客戶對你的信賴感，因為，人會對很了解自己的人產生好感。而這種好感當然就會回饋到你的業績上。再者，不管多小的事都無妨，要是能發現客戶跟你或你公司的連結點、共同點，那就更棒，彼此間的距離能再拉近一些。這個細微之處，也完全適用於追求異性時。請你試試看，畢竟什麼事都要「經驗」過才能學會。

8　吳市是日本廣島縣的一個城市。

## 搭乘交通工具時，是最適合工作的零碎時間

稍微岔題一下，常有人說：「業務員銷售的不是商品或服務，而是自己。」不過，你可別不加思索就接受這說法。你該做的事不是銷售自己，而是充分了解客戶，這麼做就能達到「銷售自己」的結果。

而且，現在資訊技術發達，不論何時何地，都能簡單掌握像是客戶哪裡有分公司等的這類資訊。

我到現在還是會利用空檔工作。等電車時確認E-mail，走路時透過語音電話聽取報告或下指示。出差要搭比較久的車時，我會在車內校對即將出版的書稿。總之，我會配合狀況，事先決定應該利用空檔做什麼工作。

搭乘交通工具時，尤其是最適合工作的零碎時間。由於下車時間早就確定，我們會更有意識地想在下車前處理好工作。這一點，也跟第一二二頁提到的「設定截止時間」同理。所以，我將電車車廂定位為我的「第二辦公室」。

## 你應該做的是「工作」

我在電車內工作時，常發現身旁的年輕上班族正使用手機打字。「喔！很認真工作嗎，佩服佩服……」我一邊這麼想，一邊瞥向他們的手機，結果，他們不是在玩手機遊戲，就是在上傳個人動態。如果是網紅或藝人也就算了，沒沒無名者的動態（或發表個人動態的行為本身），究竟對工作有什麼價值？

沒錯，前面也提到，有時候放鬆一下也很必要。雖然必要，但請千萬不要忘記，你現在必須做的事，基本上就是「工作」。

每個人一天都同樣有二十四小時，造成彼此差異的，就是使用零碎時間的方式。能有效利用零碎時間，就能創造出讓身體休息的時間，以及提升自己的時間。

## 請模仿主管和前輩做的事

我再教各位一個能創造業績的方法。這個方法最簡單而且確實，那就是「模仿主管和前輩做的事」。

你會跟著主管和前輩去拜訪客戶吧？主管遞名片給客戶時，請仔細觀察他的舉手投足，牢牢記住，包括遞名片的方式、當下說的話，以及收下客戶名片後的擺放方式等都是。

為謹慎起見，在此我還是再說明一下正確做法。主管遞名片給客戶時，會雙手奉上，而且手的位置會比客戶的手低（客戶這時也會遞出名片）。接過客戶名片時，會說「我收下了」。

接下來討論公事時，主管絕不會把收到的名片收起來，或是直接放桌上，一定會放在自己的筆記本或名片夾上頭，就像讓名片好好躺在座墊上似的。

再回到談話的部分。談正事前，你的主管會先跟對方閒聊幾句吧，請你記住他閒聊的內容和語氣，以及切入正題的時間點。你可以當場做筆記，有需要的話，在胸前口袋藏個錄音裝置也可以。現在的手機大多有錄音功能，也可以用手機來錄音。

## 模仿時不要加上自己的巧思

你已經理解有效利用零碎時間的重要性了，那麼，請在公司午休時自行練習如何遞名片，或是在通勤時重聽錄音檔，將主管說的話當成台詞般，一句一句記住。

做此練習的同時，你可能也會很快有機會獨自去拜訪客戶。這時，請你照本宣科應用記住的內容。如此，雖然不能說是馬上，但你在不久後的將來就能順利簽下合約，就跟你的主管和前輩一樣。

這裡的重點是不要加上自己的創意，而是什麼都不想，完全複製主管和前輩的做法。

不過，中等優秀的人，也就是正在讀此書的你，很難什麼都不想並且完全複製他人的做法。你會忍不住思考有沒有更好的做法、更有效率的方式，然後實際執行。請不要自我感覺良好。就算你再怎麼優秀，社會經驗還是不夠，你想出的更好的做法、更有效率的方式，並不怎麼樣。

反之，你的主管和前輩，不論如何已經做同樣的工作五年、十年了，當然不管是遞名片的方式也好、談公事的方式也好，其中都累積不少他們的經驗。

你的主管還是新人時，也一定被罵過：「你遞名片的方式太沒禮貌了！」挨罵後，他會有所調整，調整後要是又被指正，又會再調整。重複這過程後，才有現在的做法。所以，你直接模仿會比較快且確實，沒必要連他們過去失敗的路都走一遍。

## 在公司裡，有創意的做法沒什麼價值

你之所以執著於創意，應該是跟學生時代的經驗有關——學校教育會獎勵創意，認為有創意的學生很優秀。但事實上，比起創意，模仿是高明更多的技巧。

請想想看，談創意的話，其實小學一年級孩子也做得到。原本只會用一種顏色蠟筆做畫的小一生，如果開始能根據描繪對象使用不同顏色，不也是很棒的創意嗎？不過，如果要小一生使用不同顏色作畫，他們還是沒辦法畫出跟六年級生同等程度的作品。

作為一個社會人士，你還是低年級生，你要做的，不是自己用不同顏色畫一幅畫，而是正確模仿六年級生的畫作，也就是精進自己的能力，有所成長。當然，如果你是畢卡索之類的天才，那又另當別論。

至少，對剛出社會的你而言，創意巧思很多時候會成為一種妨礙。

即使是經常被譽為「改變世界」的產品，如索尼公司的隨身聽、蘋果公司的麥金塔電腦等，也是模仿既有技術（然後組合、發展）而誕生出來——不過，我並不是說，這其中沒有一點創意。

百分之九十九的模仿，加上百分之一的創意，世界上所謂「革命性」的產品或服務，都是這樣產生的。

## 那些受歡迎和不受歡迎的日子

前面談的事稍微難了點，我來換一下口味，說點我年輕時的經驗。

二十多歲時，我有個經常一起喝酒的夥伴E君。客觀來說，E君外表比我難看得多，但我們去喝酒時，他就是很受女性歡迎。我總是怨恨地看著他帶美眉回家，然後獨自一人踏上寂寞歸程。

當然，為了受女性歡迎，我也費了不少心思，但就是沒用。我很失望，在無計可施下終於向E君投降，求他教我幾招。

於是，他一副這沒什麼的樣子教了我一些方法。

「小山你聽好了，如果是這種狀況，你就要這麼說。」

「如果對方出現這種舉動，你就要這麼因應。」

他說的都是些簡單得讓我驚訝的方法。我一邊心想「真的嗎」，一邊抄筆記，牢牢記在腦子裡。我又覺得，反正要模仿，不如模仿得徹底，於是連西裝、領帶、鞋子、皮包、手錶等，都跟E君用的一模一樣（我年輕時連這種事都做得很確實）。然後，行為舉止也跟他一樣，說的也幾乎是同樣台詞。

結果，試到第五位女性時，真的成功了。畢竟我現在是已婚人士，就不在這兒描述具體成果了（請自行揣測），總之，就是有成果。有了一次成果後，我也比較有自信，之後就更有意思了……（以下省略一〇八字）。

## 學著用主管用的東西

總之，即使是男女關係如此微妙的情境，模仿也有效，更別說是很多事物都已經有一定規矩的商業場合。

你應該有當作學習目標的前輩或主管吧。他們的工作方式和行為舉止，你當然得模仿；再者，包括他們拿的皮包、穿的西裝，使用的筆或記事本等，總之看得到的東西，請你都模仿。

他們一直辛苦工作到現在，資歷比你久得多，在此前提下，連工作上使用的東西，也一定是經常思考如何有助工作而選擇的。你只須模仿他們，聰明地收割成果。

現在的你還無法理解他們為什麼那麼做，為什麼會使用那支筆等。不過，就算無法理解也無妨。即使無法理解但仍持續模仿，很快地，你就能在過程中體會到他們的用意。

盡可能跟在優秀的人身邊

關於模仿，我想再多談一點。

我們公司在十多年前，除了樂清公司的業務外，也開始發展新事業，協助其他公司經營。

在這之前，我們經營的客戶，都是公司所在地東小金井市周邊的住家或公司，開始顧問業務後，營業範圍也擴大為全日本。我當時抱著無論如何都要讓新事業成功的想法，親自領軍指揮，今天去札幌，明天跑博多，席不暇暖地在全日本忙碌奔走。

不過，「本業」的社長工作量也很可觀，包括裁決簽呈、確認報告、做業務指示等，以至於我每次出差，都得帶一堆工作去做。

當時智慧型手機和平板電腦尚未問世，無線上網環境也還在發展初期，我出差時，總是得將像傳統電話簿一般厚重的文件，以及跟現在筆電相比體積大且重得多的筆電，全部塞入手提公事包。當時我也沒那麼年輕了，提著沉重公事包對我來說有點吃力。

因此，我找了員工跟我一起出差。這名員工的工作，基本上就是幫我提公事包，所以也不必多優秀。我找了只有體力可取的年輕員工海老岡修同行。

## 光是幫社長提公事包，就有顯著成長

在海老岡幫我提了半年公事包後，我開始察覺他的不同。

一開始他連提公事包這種程度的工作，都不能讓我滿意，時常挨罵，但半年後卻像變了個人似的，工作表現俐落。不只如此，他帶下屬的能力也變強了。

我心想，他該不會連業績都變好了吧？於是調出他在樂清公司業務部的業績來看，果然不出所料，他的業績大幅成長，不只追過同儕，甚至幾乎跟主管並駕其驅。但直到半年前，他還是部門的累贅啊。

這是為什麼？思考後，我有了答案。他純粹是因為跟我一起行動，所以有所覺醒，發現自己雖然努力，但跟我相比，不論工作的質或量都差很多。我是怎麼工作的？我如何思考，然後行動？跟著我出差時，他就從早到晚看著這一切。能力再差的人，光是有樣學樣、一點一點模仿，也能慢慢成長。

何況我還是社長。雖然武藏野公司是魯蛇集團，但我好歹也是其中工作能力最強的一個。跟著這種人間接學習工作方式，只要半年左右，能力就能大幅提升，直追課長、股長等級的主管。

日本有句俗話說：「佛寺門前的小僧，不用學習也會誦經」（意指：耳濡目染下，不用學就會）。說起來，我就等於住持，讓海老岡這個小僧進得了佛寺本堂，他會成長自是理所當然。我現在覺得，幸好海老岡是個普通人，如果他優秀一點，或許就不只是記誦佛經而已，是有所體悟而得道，然後跟我說他要創業就離開公司了。

短時間就成長為公司中流柢柱般人物的海老岡，經過一段時間後，目前還在我們公司以課長的身分努力工作著。

## 你要主動出聲，接近優秀的人

好，接下來進入正題。

光是和優秀的人一起行動，就會有很大的成長。所以，你也要盡可能跟在優秀的人身旁。

當然，你身為菜鳥，或許不像海老岡一樣有機會跟在社長身邊。即使如此，我之前也提過好幾遍了，公司內起碼也有一位你尊敬的主管或前輩吧？那麼，就請你有意識地跟在他身邊。

要怎麼做才能和對方一起行動？

答案不是顯而易見嗎？你要主動出聲，例如：「○○，您可以跟我一起去拜訪客戶嗎？」、「××，我不清楚這個工作該怎麼做，您可以教我嗎？」「他很忙吧，我這樣拜託他，會造成他的困擾。」請別擔心這點。人對於依賴自己、景仰自己的人，都會比較容易敞開心。

如果對方在忙，沒辦法接受你的請託，你就改天再拜託他一次就好。

想把工作做好，少不了與精通工作的前輩保持良好溝通關係。而說穿了，所謂的溝通就是「次數」，可不能被拒絕個一次、兩次就感到挫折。

心理學上似乎也有研究顯示：「人對於見過愈多次面的人，愈有好感。」你跟前輩、主管的關係也是如此。一個是工作上大致沒什麼問題，但態度冷淡的下屬，一個是工作上經常失敗，但常來找自己諮詢的下屬，後者顯然比較討人喜歡。你要利用這種心理，與前輩或主管保持良好關係，並趁機學習他們的工作方式。

## 為對方倒酒，能大幅縮短彼此距離

如果，你跟仰慕的前輩或主管間，還不到可以出聲拜託對方的地步，也可以利用公司聚餐的機會。

你所屬的部門在年底或完成一項大工作時，會舉辦聚餐吧。聚餐時，你只要去坐在欣賞的前輩旁邊就好。但這麼做很難吧，畢竟人就是習慣跟同一個階層的人一起行動。這時，你可以藉由主動幫對方倒酒的機會，很自然地坐在他旁邊。

不論再怎麼難搞的人，都不會因為有人幫自己倒酒而不悅。在這麼一個動作下，即使雙方心理上的距離有三公里之遠，但現實的距離卻可拉近到只有三十公分。如此一來，即使對方本來對你不理不睬，這時也可能在幾分醉意下愉快地說：「你之前說希望我跟你一起去拜訪客戶，那我們下星期一起去吧。」

就算對方沒這麼說也無妨。你將雙方距離拉近到只有三十公分，就是前進了很大一步。你只要再找機會幫他倒酒就好。我要再說一次：「所謂溝通就是次數。」

再者，我想你也知道，聚餐時大家多半會聊些平常在公司不好講的話，或者在酒後吐真言。這些談話裡，有很多能成為你血肉的職場人生教訓。你可以跟同儕愉快地大聊蠢話，或者，也可以坐在前輩或主管旁邊，聽他們說些「只能在這裡講的話」。即使是聚餐時選擇坐哪個位子，對你的成長都會造成很大影響。

武藏野公司每年的新進員工，都會接受一份問卷調查，其中有一個問題是：「你覺得你能在敝社發揮實力嗎？」大部分人的回答都很正面：「我覺得可以」，或是「我希望努力做到這一點」。

不過，待他們進公司半年後再做這份問卷，對這題的回答卻截然不同：「我以前想像不到，原來自己工作能力這麼差」、「我有種周圍的人都在扯我後腿的感覺，很悶」。

在工作外頭看工作、想像它，跟實際去做有天壤之別。所以，隔了半年對同一個問題的答案不同，也是理所當然。

你現在某種程度上也已經慢慢習慣公司了，或許也跟敝社員工有相同的煩惱。

請別擔心，我再重複一次，你有這樣的煩惱很正常。何況，如果你真的是無可救藥的廢材，公司一開始就根本不會錄用你。你公司的人資，已經看過幾百位、幾千位來求職的學生，他們是在這前提下選擇你的。

請對自己有自信。

## 這世上不存在著什麼長處都沒有的人

你做不好工作當然是事實，不過，你不能因此斷定自己沒能力。你只是還沒累積夠多把工作做好的經驗而已。

請不要再因為做不好工作、沒能力而煩惱，這只是浪費時間。請把這時間用來好好認識自己的長處，並且盡全力讓它變得更強。

你現在正因工作不順而沒自信，要你加強自己的長處，或許你一時也沒頭緒。不過，請放心，正如世上不存在著任何缺點都沒有的完人，也沒有人一點長處都沒有。只是從當事人來看，長處往往是很理所當然的事，所以自己沒有察覺。

主管曾經誇獎過你一、兩次吧，他之所以誇獎你的那個事由，就是你的長處。又或者是，你工作中曾經有「我喜歡這工作」、「我很適合做這件事」的感覺吧？讓你有這種感覺的事，也是你的長處。請磨練該項技能，讓它變得更強。

## 「進退有禮」、「喜歡面對客戶」也是長處

說到工作上的「長處」，一般人可能會想到外語能力、電腦技能，或是處理工作的能力等。這些當然是很重要的長處。

不過，公司期待員工所具備的長處，不一定都得是這麼大的項目，事實

上，即使是進退有禮、喜歡面對客戶這樣的事，對公司來說也是很重要的長處。

倒不如說，在平常業務工作中，上述這些長處更為有力。顧客因為對業務員有好感而購買的情況很常見。

相反地，弱點如果不是非常嚴重的問題，無須太在意。講白一點，即使努力，弱點改善的程度也有限。即使你拚命努力，都不確定能否跟他人並駕其驅，所謂弱點就是如此。

你可能會說：「能達到跟別人同樣的程度，不是很好嗎？我就是因為比不上別人而煩惱。」

很遺憾，客戶只會注意到你勝過他人的長處，給予正面評價。你跟別人表現差不多的事，就算你怎麼去加強，也不會獲得好評。

時間有限，要是你想花心力在怎麼做都沒多大幫助的弱點上，你提升自身長處的時間就會減少，結果什麼都不精，只是成為一個沒特色的無趣成人而己。如此一來，你待在公司裡就沒有意義，換句話說，就是沒有存在價值。

有弱點不值得難過，如果你沒辦法調整心態加強長處，讓它足以壓過你的弱點，那才值得難過。

## 弱點變得看不見，在職場上就是「勝利」

在此先岔題一下。我年輕時，社交舞非常流行。

當時，不論什麼人都在練習跳社交舞。有些腦筋動得快的飯店，會找來樂團演奏，讓客人隨著音樂起舞。那時，社交舞可說是紳士的重要嗜好。過去真的也有這種時代呢。

不過，雖然通稱社交舞，其實種類很多，像是華爾滋、探戈、曼波、恰恰等。

我天生不擅長音樂，運動神經也比一般人差，所以必須配合三拍節奏舞動身體的華爾滋，我就直接果斷放棄（同樣是三拍子，但享樂三拍子的吃喝嫖賭我倒非常擅長），鎖定感覺上比較容易練習的吉魯巴。

去舞蹈教室上課，我也只學吉魯巴；去飯店，也跳了不知多少次。搞不好，除了專業舞者外，我可以說是全日本跳過最多次吉魯巴的男人吧。

跳的量這麼多，自然實力大增，而且周圍的人還因此對我有一種印象：「說到吉魯巴，就是小山了。」

十年後，我也慢慢學會跳曼波和恰恰，也會在飯店公開跳。不過，因為這兩種舞我跳得不多，當然跳得很差，大概是每跳必踩舞伴腳的程度。可是，由於之前大家看過我華麗的吉魯巴舞姿，還有印象，於是產生錯覺：「啊，小山的曼波也跳得很好。」

先前所說的「加強長處到足以壓過弱點」，正是這種狀況。

如果長處非常突出，別人就會忽略你的弱點。雖然弱點並沒有消失，但如果能讓別人有種看不到的錯覺，在職場上就是一種勝利。

## 他們不是你的前輩或主管，而是「夥伴」

你或許因為不擅言辭而煩惱，而且，也許認為這是你拿不到合約的原因。不過，愈是不擅說話的人，卻擁有比舌燦蓮花更重要的能力，像是能耐住性子傾聽顧客說話，以及全心服務顧客的能力。

所以，你只要加強這些能力，讓它們非常突出就好。如此一來，即使是你覺得自卑的口才，也反倒會讓顧客產生好感。

第四十六頁也提到，你並不是孤軍奮鬥，你還有同事、前輩和主管。他們的存在，就是為了彌補你的弱點。說起來，公司之所以存在，就是為了讓不同能力的人彼此互補，讓「一加一」能增加到三或是四。

「公司」一詞的英語是「company」，而「company」的語源據說有「一起吃麵包」的意思，之後再衍伸為「夥伴」之意。

在公司內有主管、前輩、同期之分，只是為了方便，但事實上他們先是你的夥伴，才是你的主管、前輩和同期。

# 04 Chapter

# 留意細節，使你成為工作能力傑出的人

工作時請經常諮詢主管



要成為傑出員工，你還有一個非具備不可的重大技能，那就是面臨多項工作時，知道要以什麼順序來處理。也就是排定優先順序的方式。

假設你正在辦公桌前與文件纏鬥，主管突然丟來新工作：「這個交給你。」這時你會將原本正在處理的工作（A工作）做到一個程度，然後再開始著手新工作（B工作）。

不過，馬上又有新工作接踵而來：「抱歉，這個（C工作）麻煩你」、「那個（D工作）也拜託你了。」於是，你慌慌張張趕快完成一開始的A工作，交給主管。

結果他非但沒誇你，還破口大罵：「你這笨蛋，D工作呢！？」

這是公司裡常見的狀況，不過，現階段的你一定會覺得「怎麼會這樣？」。主管應該也知道你正在處理A工作，但還是陸續交派你B、C、D工作，那麼，D工作當然是最後再做不是嗎？你會這麼想，我也很了解。

雖然了解，不過這確實是你不對。首先，你以為主管會考量你的作業節奏來交付工作，這種想法就有錯，只是種「美麗的誤會」。

## 新工作優於舊工作

為什麼主管不會考量你的工作分配狀況？理由有二。首先，如果要一一顧慮你的作業節奏，組織就做不了事了，你也無法成長。

再者，對主管來說，最重要的事，是自己的整個部門要有好的業績表現。在這首要任務下，你是否因為工作而手忙腳亂完全不重要。

而且，你從最先拿到的工作開始做也不對。顧客和市場的變化速度是以分秒計，要有業績，公司（或部門）只能在如此快速的變化下調整，而調整時會發生的情況就是出現「新工作」。也就是說，在沒有特殊狀況下，新工作優於舊工作。

「昨天麻煩你做的那件事，果然還是不做比較好。」就像這樣，主管昨天才交付的工作，今天就說不用做，這種事經常發生。畢竟，組織要存續，最重要的就是及早因應市場（顧客）的改變。做不到的企業就會破產、被市場淘汰，這是很簡單的道理。

也可以說，所有公司都屬於「因應環境變化業」，因此，昨天的指示今天不必然還成立，你必須捨棄原有的既定想法。不管是公司所處的狀況，或是你應該做的工作，都是時時刻刻在改變。

## 困難的判斷就交給主管

原則上，新工作優先於舊工作，但當然有例外。

假設，主管交付你ＡＢＣＤ四項工作的時間差不多，其中，Ｄ是購買備品這種簡單工作，Ｂ是「提企畫書給客戶」的重要任務。那麼，你一定會疑惑，是否要放下Ｂ工作，先去做Ｄ工作？

這時，請立刻讓分派新工作下來的主管做判斷：「現在我手上有ＡＢＣＤ四項工作，我應該怎麼安排？」如此，主管一定會幫你排好工作的優先順序。「總之，Ｂ工作是第一優先，Ｃ是其次，Ｄ工作只要今天內完成就好。」

主管為什麼「一定」會幫你排優先順序？道理很簡單。就像前面說的，他經常想著要如何提升部門業績，所以能掌握部門整體狀況，知道誰的哪項工作必須擺在優先順位。而你經驗尚淺，只看得見自己眼前的工作，所以很遺憾的，還沒有做這種判斷的能力，但只要交給資深的人來判斷就好。

手邊同時有幾件待辦工作，就很容易做到一半卡住，或是開始煩惱，不知道自己的做法好不好，這種時候也請立刻諮詢主管。那麼，他也一定會在能幫助你創造業績的前提下給予指導。

至於理由，你應該已經清楚了吧，畢竟你的業績提升，整個部門的業績才會提升，而這直接關係到主管的考績。

## 「報告、連絡、相談」，是讓主管知道你功勞的行為

總之，還是新進員工或菜鳥的你，都應謹記在心：不要自己一個人煩惱，一個人承擔問題，以及自作主張。無論任何事，都請跟主管討論。

「連這種事都麻煩主管好嗎？」——請不必有此顧忌。前面已經提過多次，你是一個工作能力還不行的人，主管也很了解這一點。

而且，從你主管的立場來看，與其讓你自己一個人煩惱憂心，或自作主

張導致公司利益受損，還不如你拿工作的事去煩他比較好。

你知道日本職場上常說的「報連相」一詞嗎？也就是報告、連絡、相談（即討論之意）。這正是你應該牢記在心的事。

不論有什麼事，總之就是先報告、連絡、討論。近來，只要提到「要徹底做好報告、連絡、討論」，很多人就覺得這是一種綁手綁腳的管理方式，尤其年輕人特別不喜歡。但我不這麼認為。

藉由報告、連絡、討論，可以讓主管知道你在想什麼、如何行動、有什麼成果。也就是說，這是讓主管了解你成長和功勞的行為。

一直以來，日本人都習慣將埋頭努力當作一種美德，但在社會上，這個習慣可行不通。你的主管和資深同事都各有許多工作在忙，你要是不盡力讓周圍的人看見你的努力和成果，恐怕得不到正確的評價。

我前面提到「你的努力一定會有人看見」，但那是在你確實做好「報告、連絡、討論」的前提下。這也是你分內的「工作」。

我再繼續與前一小節有關的說明。

跟你同期進公司的同事中，應該也有人很快就嶄露頭角吧。工作頗得要領，以新人來說，業績表現也不錯。反之，你光是處理眼前的工作就已經夠吃力了，業績表現也不盡理想……

你覺得，為什麼會有這種差距？是你們的能力原本就有差嗎？不是這樣，請不要看輕自己。公司找進來的員工，程度大致差不多，尤其在錄用社會新鮮人時，這個情形特別明顯。若仔細相比，你跟表現突出的同儕在經歷和專長領域上可能多少有別，但在基本能力上，你們幾乎沒什麼差別。

## 能幹的人擅長「使用」前輩和主管

如果有同儕確實進步得比你快，能想到的理由就是兩個。一個是他在當工讀生或實習生時，有做過類似工作。這一點至少在現階段是很大的優勢，你只能從現在開始積極累積能勝過他的經驗。是的，正如第一章所述。

另一個能想到的理由，就是他很會「使用」前輩或主管。二〇一二年進我們公司的丸友樹是一個好例子。他懂得積極向主管海老岡修報告、連絡、討論，尋求指示，又會請前輩櫻井學幫忙，因此業績成長，考績優等。

## 依賴別人不可恥，做不出業績才可恥

我覺得日本人有一種心態：比較尊敬一切靠自己，或是憑自學就學會什麼能力的人，而鄙視仰仗他人之力的人。尤其是學生時代成績一直很好的人，這種傾向尤其明顯。

請不要搞錯。

你已經不是學生，而是社會人士了，你應當尊敬的是產出業績這件事，應當感到可恥的是沒有業績。而你現在為了提升業績的必要之務，是借助前輩和主管的力量，你沒什麼好猶豫。

公司跟學校不同，不是只要努力和辛苦就能得到肯定，是只看結果來評價的「戰場」。只要能產出成果，在不違反法律和倫理下，做什麼都可以。

這跟第二十九頁提到的重點道理相同：社會人士可以向優秀的人請教答案，作弊也無妨。而且，從某種意義來看，前輩和主管就是你的助手。

之所以說「從某種意義來看」，是因為他們本來就是幫助你成長的助手，而不是工作上的助手。因此，請別在意，你跟所有公司裡的菜鳥都一樣，別顧慮那麼多，請盡量使用前輩和主管。

## 請賤價大拍賣「謝謝」

你要利用前輩和主管提升業績，有一個大前提，就是必須和他們建立良好的溝通關係。

好，現在請先翻回第一六五頁。請看，是不是有用括號強調的一句話：「所謂溝通就是累積互動次數」。

要怎麼做才能增加次數？本書已經介紹過一些方法，像是自己主動出聲、聚餐時坐他們旁邊等，此外還有一個重點，那就是「好好道謝」。

這方法太簡單，讓你聽了很沒勁？你或許會想：「我平常就有好好道謝了啊。」

有人教自己工作怎麼做、有人提供協助，任誰都會道謝吧，但這個「謝謝」常常只是當下說完就算了，這是一個很大的問題。

你一定也是這樣吧，別人幫你時，你會簡單道謝，但整個工作結束後，卻不曾再次慎重表示謝意。

那麼，之後請你在不同時候都一一表示感謝。別人教你怎麼做時，請說「非常謝謝您」；別人幫助你時，請說「您真是幫了我很大的忙」；工作結束時，對教你、幫你的人說：「真是多虧有您」。當然，在前面提到的報告、連絡、討論時，只要有機會也不吝表達感謝。

光是這麼做，前輩和主管就會注意你，說白一點就是對你偏心。為什麼？不用說，當然是因為你的其他同事在那些情況下也不會道謝。

雖然只是一句簡單感謝，但一天講很多次，一星期講幾十次，就會打動對方。是的，次數很重要。

第一六四頁提到：「沒有人會因為別人幫自己倒酒而不悅」，但還是有例外，比如向不喝酒的人勸酒，會造成對方困擾。不過，絕對沒有人會因為別人跟自己道謝而不開心，絕無例外。

而且很棒的是，道謝不用花一毛錢，不論道謝幾次都免費，既不麻煩也不花時間。如此就能讓對方開心、對你產生親近感，積極在工作上幫助你。從今天起，你一定要養成多說謝謝的習慣。

## 在人前表達謝意

我再教你一個能讓對方開心的感謝方式。很簡單，就是盡量在人多時說。

比如早上正式上班前，辦公室裡的人開始變多時，就是表達謝意的好時機：「課長，謝謝您昨天幫我。」雖然一對一的感謝讓人開心，但在人前得到感謝更令人愉快。因此，道謝時如果想讓對方更開心，可不能簡單寫封E-mail就算了，因為這樣就變成一對一的溝通。

我想，你平常也會對周遭的人心懷感謝，只是感謝之情都放在心裡，但沉默不說，對方絕不可能知道你的心情。因為，看不見的事物，人是不會想理解的。

寫備忘筆記是為了要忘記



我再介紹一個你應該早點養成的習慣，那就是寫備忘筆記的方式。

在主管交辦新工作，或是客戶提出稍微複雜的要求時，你會當場用筆記下內容吧。大概你剛進公司上班時，就有人提點你「重要的事要記下來」。

不過，寫備忘筆記和依備忘筆記行動，這兩件事看起來像，卻不大一樣。你也有過一、兩次經驗吧，雖然確實把聽到的事記下來，但還是犯錯，挨主管或顧客罵。

為什麼會這樣？那是因為，你還是以學生的心態在記筆記。

學生是為了記住想記的事而做筆記，也就是如「memory」一詞的字義一般，既有「記下」之意，也有「記憶」之意。要記的事包括英文單字、數學公式、人名、年號等。學生之所以得記住這些，是因為這是他們的工作。

不過，社會人士的工作多且複雜，急事也多，除非非常必要，否則無法記住，也沒時間記住。

因此，社會人士用筆記下內容，是為了要忘記。社會人士寫備忘筆記的方式，與學生有一百八十度的差異。

## 建立定期檢視備忘筆記的機制

所謂「寫備忘筆記是為了忘記」，是什麼意思？

如果指派的工作、委託的案子能當場做完，自然沒有寫下來的必要。不過，社會人士經常無法馬上、當下就完成工作。因為工作過程中某些日期可能會更改，或者，就是得慢慢花時間才能把工作做好。

所以，社會人士會把待辦事項記下來，記下來後，就能暫時忘記該項工作，集中精神在眼前的緊急業務上。這即是「寫備忘筆記是為了忘記」的理由。

話雖如此，但要是真的把記下來的事都忘記，損失可就大了。所以，重點是必須建立定期檢視備忘筆記的機制。

事實上，做不到這一點的社會人士比想像中多，這是因為他們還是用當學生的心態在記筆記，只要記下來就覺得安心。寫備忘筆記，原本應該是為了之後工作時不要出錯，但他們卻將記下來的這件事當成了目的。

你如果能「正確地」寫備忘筆記，並如實執行，光是能做到這點，就能贏過別人很多。

## 不要讓記錄本身變成目的

具體來說，應該怎麼做？

基本原則有兩點：「手邊要經常備有記錄用的紙」、「一張紙記錄一項工作」。

使用來記錄的紙，最好是像便利貼一樣，方便撕下的小尺寸用紙。使用筆記本或日誌並不是不好，但要取出其中幾張紙，或是要翻到其中某一頁時，其實比想像中麻煩。人都不喜歡做麻煩的事，或是經常延後再做，如此一來就失去記下備忘事項的意義。

我在外頭吃飯或喝酒時，如果想到寫書的素材，會馬上記在筷子包裝袋的反面或是餐巾紙上，然後放入錢包。

我一天會打開錢包好幾次，打開時，就會注意到那些紙片。看到後，就能聯想到記下來的素材。再者，也會讓我強烈意識到截稿期限。這種小筆記累積到一個程度的話，我也就能完成一本書（當然，本書也是這樣完成的）。

此外，通車時我如果想到業務點子，或是自己也忘掉的工作指示，我會用手機寫封 E-mail 寄給自己。我每天會檢視好幾次 E-mail，這麼做，我就不用擔心會漏看。

這種備忘筆記不必寫得很詳細，只要簡單幾句話就行。

只要有關鍵字，人就能馬上回想起該記得的事。有天，我的備忘筆記上寫了「OGUSHIO」一詞。這指的可不是以前日本很受歡迎的羽毛球雙人組，只是讓我能連想到，我當天跟我們公司經營顧問事業部的課長小楠浩生，約好要在東京汐留開會[9]。

## 查看備忘筆記時，要出聲確認

另一方面，查看筆記時也有注意事項。那就是，如果是在客戶或主管面前查看，一定要出聲確認。

9 小楠（OGUSU）的發音中有「OGU」，汐留的「汐」發音正為「SHIO」。

比如，一邊查看筆記時要一邊說：「請讓我跟您確認一下。關於A工作，是要做這些事，B工作的話要做這些事，C工作則是在×日前完成，沒錯吧？」

將口頭指示或要求用筆記下來，是一種傳話遊戲。由於你的客戶和主管都很清楚他們交代了什麼，所以如果你不當成是在跟他們確認，只是自顧自地查看筆記，他們會覺得「這個新人這麼愛做筆記，真的沒問題嗎」？

不過，如果是以跟他們做確認的態度檢視備忘筆記，他們就不會感到不安，而是覺得「這個新人很能幹」。而且，藉由複述，你也能在腦中自己整理一下工作內容。

你周圍也有工作能幹，或表現令人刮目相看的人吧。我敢斷言，他們的能力並不是特別突出，而是比較會注意這種細節。也就是說，工作能力強不強，真的就是差在能否留意細節。

## 用便利貼記下，貼在月曆上

最後，我再介紹一個寫備忘筆記的方法，這是我們公司實際的做法。

經常有人會把備忘事項直接填在桌曆上，比如「十三號：下午三點拜訪A公司」。這個方法的優點，是能經常看到待辦事項，但更好的做法，是將拜訪A公司一事寫在便利貼上，貼在十三號那一格。

為什麼要這麼做？原因之一，是由於計畫經常會改變。本來約十三日，但後來也可能配合客戶時間延後一週，或是取消。使用便利貼的話，如果預定的時間延期，只要重貼就好，如果取消拜訪，只要撕掉就好。

而且，這麼做最方便的一點，是能根據便利貼數量，很快清楚目前還有多少待辦工作。一項工作使用一張便利貼，貼在預定完成的日期上，待工作完成再把便利貼拿掉，這樣就能清楚掌握工作進度。如果是將待辦事項直接填入月曆，就做不到這一點。直接填入的文字，至少在月分改變前都還會停留在月曆上。如果你覺得這個方法可行，請務必試試看。

最後，為了提升你今後的工作能力，我要介紹一個你非學會不可的基本工作流程，那就是「PDCA循環」。

你應該也聽過這個名詞，它指的是擬定計畫（Plan）、執行（Do），之後確認及評量成果（Check），再改善（Act），藉由重複這個流程，以提升品質和生產效率。很多公司都會採行PDCA流程，以改善品管與生產管理。

我這麼說，你可能會覺得「這跟現階段的我完全無關」。不過，PDCA循環的思考方式能應用在工作各個層面上，在開發客戶時也派得上用場。以這個流程來工作，你的工作品質自然會提升，這跟你是不是菜鳥絕對無關。

## 首先從「執行」開始

你或許會認為，PDCA循環就是得從擬訂工作計畫（P）開始，不過，身為新人、菜鳥的你，首先得從執行（D）眼前的工作開始。要擬定業務計畫，需要相對的經驗，但你目前的經驗絕對不夠。

正如第二十四頁也提到的，你是要去「做」而不是「想」。就拿開發客戶來說，與其自己事先煩惱這個那個、歪理一堆，還不如大致有個想法後馬上實際去拜訪（D）。

當然，不是拜訪一次、兩次就能立刻賣出商品或服務，不過要是完全賣不出去也不行。這時你就要去思考，能順利銷售出去和完全賣不動的情況有何不同。這就是確認和評量（C）。

## 提出假設就是擬訂計畫

在累積了一些執行與評量的經驗後，你應該也能隱約看得出成功案例和失敗案例各有什麼共通點。

「能賣出商品給那個客戶，應該是因為我詳細說明商品的耐久性吧」、「客戶會跟我們簽下這項服務的合約，是因為他開的是個人經營的零售店吧」。就像這樣，你一定能慢慢掌握一些類似法則的心得。

接下來，終於來到擬訂計畫（P）的步驟。

你可以根據之前的「經驗」，具體決定計畫：「好，接下來，我就用這種方式跟客戶介紹我們的服務」、「如果是那位客戶的話，應該會買下這項商品吧」。

## 在重複執行與確認下，終於有能力擬訂計畫

讓我來告訴你決定計畫時的訣竅。簡單一句話，就是「抓個大概就好」，不必太認真思考。日本也有一句俗語：「沒能力的人想再多也沒用」，你只要依當下情況大致決定就好。

你或許對「抓個大概就好」這個原則不太同意，但從現實情況來看，除了這麼做，沒有其他方法。客戶和秋天的天氣一樣多變，而且很難看出他們的真實想法，因此，不管你想得再多，結果還是不會如你預期。

也就是說，如果覺得怎麼做應該會不錯，就大致擬訂計畫（＝提出假設），然後馬上依假設去實行。這個原則第四十九頁也提過，亦即不用做足準備，總之先採取行動。

看到這裡，你可能注意到了：這麼一來，終於回到P→D的順序了。沒錯，由於重複D和C的過程（累積經驗），所以有能力評量怎麼做才會有成

果，怎麼做沒有。而「能產出成果的事」，就成了下一次的計畫（P），「無法產出成果的事」也可以成為思考新計畫與假設（P）時的參考。如此一來，你終於有能力決定計畫，終於能照著PDCA的循環運作。

## 擬訂計畫，是為了發現想法跟現實間的落差

以大致想法擬訂計畫，付諸實行後，想當然耳，出來的結果跟當初的目標或期待間會出現落差。比如「本來想簽下十份合約，結果只簽下五份」；又或者反之，「本來希望有一百萬的營業額，結果做了一百二十萬」。

請你仔細確認（C）這之間的差距有多大。這個步驟非常重要。如果不能掌握計畫與現實間的落差，就無法思考為什麼會有這樣的差距。

只要聽到「計畫」一詞，多數人就會認為「要以百分之百達成計畫為目標」，但並非如此。擬訂計畫，是要藉此發現計畫與現實間的落差，然

後，以此為根據來做下次的決定。因此，有沒有達成計畫，不是太大的問題。

一般人會因為賣出東西而開心，賣不出去而沮喪。這是當然，商品或服務能銷售出去自然可喜，若賣不出去就成了問題。

不過，事物的本質不會因為眼前數字而增減，最重要的是，要徹底深究能賣出去和賣不出去的「理由」。

## 順利發展的事「繼續做」，不行的就「改善」

我們公司第二分店有位名叫櫻田優美（舊姓是荒井）的員工。她絕對不是沒能力的人，但業績卻經常敬陪末座。因此，我試著調查了一下業績名列前茅的員工和櫻田究竟有何不同。

結果，我發現一件有趣的事。業績出色的員工，在到府配送及更換樂清公司商品時，一定會順道送上一份「服務人員快報」。這是員工為了跟客戶溝通，自己做的宣傳品。櫻田則沒有做這件事。

我說：「那櫻田也發送服務人員快報不就好了。」這是我當下提出的明確假設（也就是計畫）。實際執行後，驚人的事發生了，櫻田的業績快速成長，甚至當年還獲頒公司的優秀員工獎。

從這例子能得到什麼訊息？

我們公司負責樂清產品的很多業務員，都沒有製作及發送這份快報，也就是說，如果他們也這麼做，業績就可能成長。而且，之前這麼做的員工就會知道，至今以來的努力不是白費，會更加努力。

雖然這是個小例子，但PDCA循環的思考方式在這種事情上一樣有幫助。

## 有沒有成果，差別就在於小小的努力

我來介紹一下我們公司的「服務人員快報」。

快報的內容主要是業務員的日常生活和雜感，沒寫什麼大不了的事。不過，即使是這種程度的小事，有做沒做結果就不同。我前一節也提到，「工作能力強不強，差別就在於能否留意細節」，從這例子應該也能清楚這一點。

而且，由於這一點努力和巧思，工作就能變得有趣、有意思。

服務人員快報

謝謝您一直以來的照顧

樂清武藏野第二分店服務人員／荒井優美

進入十二月後，天氣變得好冷。氣候變化這麼大，請留意不要感冒喔。今年已到尾聲，一年過得好快啊，我總覺得一年比一年過得快。新年期間各位打算怎麼度過呢？我是打算去沖繩過年。前年我去名古屋，遇到下雪；去年我去九州也下雪。這些地方很少下雪的，難不成是……我的問題？沖繩幾乎不下雪，要是這次再遇到下雪，或許我真的是雪女了（笑）。我母親的老家在沖繩，很多親戚也住那裡，還有，我姐姐婚後也住沖繩，還有兩個小孩。我很期待看到兩個姪子的成長呢。

我幾乎每年都會去沖繩，每次去都會去一個地方，那就是位於沖繩中部的海中道路。晚上去時，由於幾乎沒有路燈，天氣好時能看到非常漂亮的星空，有時還能看到流星。在東京很難看到這種星空，所以我非常推薦這個景點！

最後，謝謝各位一年來的照顧。

來年也請多多指教，也祝您有美好的一年。

顧客通訊欄

不論有任何意見或想法，或是對我們的商品和服務有任何疑問，都請讓我們知道：

姓名：

## 找出客戶買單的必然因素

你之前應該有幾次賣出產品或服務，或是簽到合約的成功經驗吧。如果還沒有，應該也會在不遠的將來有此體驗。

這種成功經驗並非出於偶然。

一定有什麼必然的理由，比如談生意的時機點剛好，或是跟客戶頻率很對，又或者是你們公司的競爭對手失誤，讓你能接受對方的客戶。又或者是更細一點的理由，可能是你打招呼或遞名片的方式讓客戶對你有好感。

正如前述，一些枝微末節的小事，對於能否做成生意有很大的影響。不論多小的事，也是確定的「必然」，沒有「碰巧賣出去」這種事，一定有什麼雖然微小但確實的理由。

徹底找出能影響成果的理由很重要，然後，在面對下一個客戶時就能加以利用。

本書即將進入尾聲。

請回想一下你的學生時代，你在學校跟朋友一起喝酒、專心投入社團活動時，是不是很開心？但上課卻大致上都很無趣。你覺得這到底是為什麼？因為參加社團活動是在玩，上課是在學習？

不是這樣。雖然你沒有意識到，但你跟朋友相處或熱中投入社團活動，也都是重要的學習。你在過程中學到建立人際關係的方法，也努力學了不少如何執行企畫的知識。

說「企畫」或許有點誇張，但安排聚餐或社團的外宿訓練等，確實也都稱得上是企畫。那些都是你出社會後也能應用的重要技能。

## 主動或被動，決定了有沒有「樂趣」

再回到正題。

同樣是學習，參與社團活動很開心，上課卻不開心，這之間的差別在於你的學習態度。

在社團裡，你是自動自發學習，因此樂在其中。上課時卻是為了拿到學分不得不學習，所以不開心。

主動學習很愉快，被動學習則不然。

這世上沒有討厭學習的人，只有討厭學習方式的人。同樣地，也沒有討厭工作的人，只有討厭工作方式的人。你不喜歡現在的工作，不是討厭工作本身，而是純粹討厭工作方式。

事實上，公司比你想的彈性得多。在你現在看來，主管的命令和公司規定都是種束縛；不過，等你累積經驗，學會工作方法後，看到的景色就會完全不同。

主管和客戶會傾聽你的意見，過去你是部門的負擔，現在卻能輔佐前輩和主管，讓他們說出感謝的話。甚至，你提出的企畫案通過，整個部門都為了實現你的點子而努力——這種畫面也完全可以想像。

那時，你就能體會到像參加社團活動般主動投入的樂趣了。那就是工作真正的樂趣。

## 忘記「是別人給你的」

我在書裡重複提到，出了社會後就是要不斷學習。也就是說，順利成為社會人的你，為了讓工作變得有趣、人生充實，必須要「主動學習」。

和學習一樣，別人要你做的工作經常不有趣，但你是新人、菜鳥，工作幾乎都是別人指派下來的。

不過，請你在這些工作中，以自己的方式盡可能學習各種事情，積極將它們當成自己成長的養分。

要是具備這種心態，你一定能發現，在乍看之下無聊辛苦的工作中，到處都是能豐富人生的新學習與樂趣。

你身邊也有同事忍受著被交派的工作，一臉不甘願地做事吧？

如果你能以主動的心態面對工作，那麼，即使你們做的事情相同，當下你就能跟他拉開很大的差距。

或許，本書的讀者中，也有人是公司發下書來要你讀才讀的。請這樣的讀者，再一次忘記是「別人要你讀」的這件事，重新再讀一次。如此一來，你一定更能理解書中的內容。那時，你才能開始以「主動」的心態閱讀本書。

## 或許哪天會在某處相遇

我在書裡也提過多次，我每年會舉辦二百四十場左右的演講和課程，也會定期舉行公司參訪活動。或許哪天會在這些場合中，有機會直接看到你。

我期待能見到，與剛進公司相比有顯著成長的你，也深切期望本書能在你的成長上提供一點小小的助益。

實用知識61

# 晉升吧！A級職員

## 職場苦手必讀，把上班阻力變動力，打造職場勝利組

会社脳の鍛え方：あなたがしていい失敗、してはいけない失敗

作　　者：小山昇
譯　　者：李靜宜
責任編輯：魏莞庭、林佳慧
校　　對：魏莞庭、林佳慧
封面設計：李涵硯
美術設計：洪偉傑
寶鼎行銷顧問：劉邦寧

發 行 人：洪祺祥
副總經理：洪偉傑
副總編輯：林佳慧
法律顧問：建大法律事務所
財務顧問：高威會計師事務所
出　　版：日月文化出版股份有限公司
製　　作：寶鼎出版
地　　址：台北市信義路三段151號8樓
電　　話：(02) 2708-5509　　傳真：(02) 2708-6157
客服信箱：service@heliopolis.com.tw
網　　址：www.heliopolis.com.tw
郵撥帳號：19716071 日月文化出版股份有限公司

總 經 銷：聯合發行股份有限公司
電　　話：(02) 2917-8022　　傳真：(02) 2915-7212
製版印刷：禾耕彩色印刷事業股份有限公司
初　　版：2019年5月
定　　價：300元
I S B N：978-986-248-807-2



國家圖書館出版品預行編目（CIP）資料

晉升吧！A級職員：職場苦手必讀，把上班阻力變動力，打造職場勝利組／小山昇（Noboru Koyama）著；李靜宜譯. -- 初版. -- 臺北市：日月文化，2019.05
216面；14.7 X 21公分. --（實用知識；61）
譯自：会社脳の鍛え方：あなたがしていい失敗、してはいけない失敗
ISBN 978-986-248-807-2（平裝）
1.職場成功法 2.生活指導
494.35　　108004801

日月文化集團
HELIOPOLIS
CULTURE GROUP
客服專線 02-2708-5509
客服傳真 02-2708-6157
客服信箱 service@heliopolis.com.tw

廣 告 回 函
台灣北區郵政管理局登記證
北台字第 000370 號
免 貼 郵 票

# 日月文化集團 讀者服務部 收

10658 台北市信義路三段151號8樓

對折黏貼後，即可直接郵寄

日月文化網址：**www.heliopolis.com.tw**

## 最新消息、活動，請參考 FB 粉絲團

大量訂購，另有折扣優惠，請洽客服中心（詳見本頁上方所示連絡方式）。

大好書屋　寶鼎出版　山岳文化

EZ TALK　EZ Japan　EZ Korea

日月文化集團
HELIOPOLIS
CULTURE GROUP

感謝您購買　**晉升吧！A級職員**

職場苦手必讀，把上班阻力變動力，打造職場勝利組

為提供完整服務與快速資訊，請詳細填寫以下資料，傳真至02-2708-6157或免貼郵票寄回，我們將不定期提供您最新資訊及最新優惠。

1. 姓名：＿＿＿＿＿＿＿＿　性別：□男　□女
2. 生日：＿＿年＿＿月＿＿日　職業：
3. 電話：（請務必填寫一種聯絡方式）
   （日）＿＿＿＿＿（夜）＿＿＿＿＿（手機）＿＿＿＿＿
4. 地址：□□□＿＿＿＿＿＿＿＿
5. 電子信箱：＿＿＿＿＿＿＿＿
6. 您從何處購買此書？□＿＿＿＿縣/市＿＿＿＿書店/量販超商
   □＿＿＿＿網路書店　□書展　□郵購　□其他
7. 您何時購買此書？　年　月　日
8. 您購買此書的原因：（可複選）
   □對書的主題有興趣　□作者　□出版社　□工作所需　□生活所需
   □資訊豐富　□價格合理（若不合理，您覺得合理價格應為＿＿＿＿）
   □封面/版面編排　□其他＿＿＿＿＿＿＿＿
9. 您從何處得知這本書的消息：　□書店　□網路／電子報　□量販超商　□報紙
   □雜誌　□廣播　□電視　□他人推薦　□其他
10. 您對本書的評價：（1.非常滿意 2.滿意 3.普通 4.不滿意 5.非常不滿意）
    書名＿＿＿內容＿＿＿封面設計＿＿＿版面編排＿＿＿文/譯筆＿＿＿
11. 您通常以何種方式購書？□書店　□網路　□傳真訂購　□郵政劃撥　□其他
12. 您最喜歡在何處買書？
    □＿＿＿＿縣/市＿＿＿＿書店/量販超商　□網路書店
13. 您希望我們未來出版何種主題的書？＿＿＿＿＿＿＿＿
14. 您認為本書還須改進的地方？提供我們的建議？

＿＿＿＿＿＿＿＿＿＿＿＿＿＿＿＿

＿＿＿＿＿＿＿＿＿＿＿＿＿＿＿＿

＿＿＿＿＿＿＿＿＿＿＿＿＿＿＿＿

＿＿＿＿＿＿＿＿＿＿＿＿＿＿＿＿

預約實用知識，延伸出版價值